Wonderful **R** 1

石田基広　監修

Rで楽しむ統計

奥村晴彦　著

共立出版

Wonderful R

監修　石田基広
編集　市川太祐・高橋康介・高柳慎一・福島真太朗

本シリーズの刊行にあたって

　開発のスタートから四半世紀が経過し，R はデータ分析ツールのデファクトスタンダードとしての地位を確立している．この間，データ分析分野ではビッグデータの活用が進み，並列化・高速化，あるいはテキスト解析の需要が高まりをみせた．あわせてデータ源やそのフォーマットも多様化した．データを API からリアルタイムに取得し，XML や JSON などの形式で読み込むことも珍しくない．またデータ可視化の重要性が広く認識され，JavaScript と連携させたインタラクティブなプロットも広く利用されている．一方，分析手法の面では，小標本にもとづく伝統的な検定理論から，機械学習や深層学習へと関心が推移し，ベイズ流の分析手法・MCMC の応用も急速に進んでいる．さらに最近では，研究の再現性 (Reproducible Research) が分析スタイルとして注目を集めている．

　これらの需要に R は早くから対応してきた．例えば C++ との連携が容易に実現でき，処理の高速化が期待できるようになった．データ操作ではパイプという考え方が導入され，複雑なデータ処理手順を自然にコード化できるようになっている．グラフィックスでは，データごとに適切なプロットを一貫性のあるコードで生成するパッケージが人気を博している．ベイズ・MCMC では Stan とのインターフェイス開発が活発に続けられており，伝統的な BUGS に取ってかわる勢いである．そして Markdown 記法のサポートが拡張され，スクリプト内にコードとレポートを簡単に共存させられるようになった．Markdown スクリプトは R/RStudio さえあれば誰でも実行できるため，分析の再現性の保証となりうる．

　ただ新規に追加された諸機能を活用するのに，もともとの R のインターフェイスはあまりに貧弱であった．そこに RStudio が登場した．RStudio はコード開発を支援するインターフェイスの整備を精力的に進めており，現在では R の統合開発環境として標準的に利用されるようになっている．

　本シリーズでは R/RStudio の諸機能を活用することで，データの取得から前処理，そしてグラフィックス作成の手間が格段に改善されることを具体例にもとづき紹介している．さらにデータサイエンスが当然のスキルとして要求される時代にあって，データの何に注目し，どのような手法をもって分析し，そして結果をどのようにアピールするのか，その方向性を示すことを本シリーズは目指している．

　本シリーズを通じて，多くの方々にデータ分析および R/RStudio の魅力を伝えることができれば幸いである．

2016 年 7 月　　　　　　　　　　　　　　　　　　　　　　　　　　　　　　石田基広

序

　本書はR言語を楽しく使いながら統計学（主として古典的な部分）の要点を勉強しようという趣旨で書いたものである。できるだけ類書にない書き方を心がけた。

　R言語の予備知識や統計学の知識は仮定していない。高校程度の数式は出てくるが，苦手なかたは無視していただいてかまわない。また，「✎」マークがついた「脇道の話題」の部分も，難しそうなところは飛ばして読んでいただいてかまわない。

　第1章はRの基本である。すでにRをご存じのかたはこの章を飛ばすか，あるいは「✎」（脇道の話題）だけ拾って読んでいただければよいであろう。逆に，R初心者のかたは，最初は「✎」をすべて無視されることをお勧めする。ちなみに，本書で使っているRは，ほとんどが15年以上変わっていない部分，おそらく今後も当分は変わらないと思われる部分である。また，プログラミングの初心者を悩ませる制御構造（ifやforの類）は，本質的でないプログラム例でほんの少し使っているだけで，実質的な計算は1行ごとに完結するよう心がけた。1行プログラムの積み重ねでほとんどのことができるのはRの強みである。

　第2章は，記述統計の基本から，Rで実験的に導いた中心極限定理と正規分布および関連するいくつかの分布を扱う。このあたりはRに慣れるための部分でもあるが，適当に読み飛ばし，後で必要になったら参照していただいてもよい。

　第3章からが本書の中心となる部分である。第3章では，強いて正規分布から始めず，高校生でも十分に数学が理解できる2項分布から出発して，古典的な統計学の考え方の基本を述べる。特に，仮説検定の考え方，p値と信頼区間については，ここで十分に理解していただきたい。ベイズ流の考え方については，本書では触れるにとどめた（もう1冊本が必要である）。最後に，2項分布の極限あるいは近似として，再び正規分布に立ち戻る。

　第4章は，2項分布の特殊な場合（一つの極限）として，ポアソン分布を導入する。ポアソン分布は統計学の入門書では詳しく扱わないものが多いと思うが，個数（カウント）データに広く適用できる重要な分布であり，本書ではかなり詳しく扱った。Feldman-Cousinsの信頼区間など，他書にあまりないことも書いた。

　第5章はおもに2×2の分割表の話で，フィッシャーの正確検定や，疫学で重要となるオッズ比などの話をかなり詳しく扱った。

　第6章は，連続量に立ち戻り，測定値の誤差（不確かさ），t検定，簡単な分散分析の話を扱った。

　第7章は，古い統計学を勉強した人が陥りがちな「有意か否か」という二分法的な考え方を脱して，いわゆる効果量（他と比較できる方法で測った量）とその不確かさをちゃんと報告すれば

（できれば生データを公開すれば），メタアナリシスによって次第に不確かさを減らせるという話である。

第8章は相関係数，第9章は回帰分析で，いずれも重要な話である。

第10章は特に理系向きのピークフィットの話で，度数分布を使わない（unbinned な）ポアソンフィッティングの話まで書いた。

第11章は主成分分析と因子分析の話で，こちらはおもに文系向きであるが，理系っぽい例も挙げて説明した。

第12章は，段階で答えるアンケートのようないわゆるリッカート型データを例として，ノンパラメトリック検定やブートストラップ法を紹介した。

第13章では，臨床研究でよく使う生存時間解析の考え方と計算法を紹介した。

これらの内容は，三重大学教育学部での授業や，全学対象の講習会などで扱ったことを中心に，その際に用いた私の Web サイト [83] を再構成・詳細化したものが大部分を占めるが，一部の話題は 30 年前の拙著 [57]（絶版）から採った。あまり他の本を参考にしないで書く癖があるので，独特な書き方になってしまったところも多いと思われるが，このシリーズの編者である尊敬する石田基広先生に全ページをチェックしていただいたおかげで，何とか読める形になった。原稿共有に快適な GitHub を使うことができたのも石田先生のリーダーシップのおかげである。

共立出版の石井徹也さん，大谷早紀さんを初めとする皆様には，たいへんお世話になった。大谷さんには LaTeX のコマンドレベルの誤記もたくさん直していただいた。

思い返せば，私が R 言語の前身の S 言語を知ったきっかけは，25 年前に共立出版から出た S 言語の本の訳書 [2] であった。Bell 研究所で作られた C 言語に次ぐ S 言語ということで，たいへん興味を持って勉強した覚えがある。今回，S の後継である R を使った統計の本を同じ共立出版から出すことができることを嬉しく思う。

組版については，すばらしい LaTeX スタイルファイルを作ってくださり，一部の字形を仮想フォントで置き換えるという難しい要求にも応じてくださった啓文堂電算部の宮川憲欣さんに感謝したい。

欧文の書体については，コード（プログラム）の類は `sapply()` のようなタイプライタ体，R のパッケージ名は **readxl** のようなボールド体，それ以外の索引語は CP932 のようなサンセリフ体を使っている。

本書で用いたサンプルデータやコード例は本書サポートページ https://github.com/okumuralab/RforFun からダウンロードできる。本シリーズ全体のサポートページは http://www.kyoritsu-pub.co.jp/series/205/ である。

2016 年 8 月
奥村晴彦

目 次

Chapter 1　Rで遊ぶ　　1
1.1　Rとは　　1
1.2　簡単な計算　　2
1.3　ヘルプと終了　　4
1.4　データの入力　　5
1.5　データフレーム　　6
1.6　ファイルの読み書きと文字コード　　7
1.7　図の描き方　　9
1.8　パッケージの例：Excelファイルを読む　　12

Chapter 2　統計の基礎　　15
2.1　尺度水準　　15
2.2　代表値　　16
2.3　確率変数，乱数，母集団，標本　　18
2.4　分散と標準偏差　　19
2.5　中心極限定理と正規分布　　24
2.6　コーシー分布　　29
2.7　正規分布から導かれる分布　　30

Chapter 3　2項分布，検定，信頼区間　　33
3.1　2項分布　　33
3.2　統計的仮説検定の考え方　　35
3.3　統計的仮説検定に関する議論　　37
3.4　多重検定　　40
3.5　信頼区間　　42
3.6　2項分布から正規分布へ　　47
3.7　検定の例：PISAの「盗難事件」問題　　48

3.8　信頼区間の例 ・・・・・・・・・・・・・・・・・・・・・・・・・・・・・・・・・・・・・・ 49
　3.9　尤度と最尤法 ・・・・・・・・・・・・・・・・・・・・・・・・・・・・・・・・・・・・・ 50
　3.10　止め方で結果が変わる？ ・・・・・・・・・・・・・・・・・・・・・・・・・・・・ 51

Chapter 4　事件の起こる確率　　53

　4.1　富の分布 ・・・ 53
　4.2　地震の確率 ・・・・・・・・・・・・・・・・・・・・・・・・・・・・・・・・・・・・・・・ 55
　4.3　「ランダムに事象が起きる」という考え方 ・・・・・・・・・・・・・・・ 57
　4.4　バックグラウンドのある場合のポアソン分布 ・・・・・・・・・・・・・ 61
　4.5　カウンタの感度 ・・・・・・・・・・・・・・・・・・・・・・・・・・・・・・・・・・・ 62
　4.6　ポアソン分布の信頼区間とその問題点 ・・・・・・・・・・・・・・・・・・ 66
　4.7　Feldman–Cousins の信頼区間 ・・・・・・・・・・・・・・・・・・・・・・・ 70

Chapter 5　分割表の解析　　75

　5.1　分割表 ・・ 75
　5.2　フィッシャーの正確検定 ・・・・・・・・・・・・・・・・・・・・・・・・・・・ 76
　5.3　カイ2乗検定 ・・・・・・・・・・・・・・・・・・・・・・・・・・・・・・・・・・・・ 80
　5.4　オッズ比，相対危険度 ・・・・・・・・・・・・・・・・・・・・・・・・・・・・・ 81
　5.5　相対危険度・オッズ比の求め方 ・・・・・・・・・・・・・・・・・・・・・・・ 82
　5.6　ファイ係数，クラメールの V など ・・・・・・・・・・・・・・・・・・・・・ 86
　5.7　マクネマー検定 ・・・・・・・・・・・・・・・・・・・・・・・・・・・・・・・・・・ 88

Chapter 6　連続量の扱い方　　91

　6.1　誤差，不確かさ，検定 ・・・・・・・・・・・・・・・・・・・・・・・・・・・・・ 91
　6.2　2標本の差の t 検定 ・・・・・・・・・・・・・・・・・・・・・・・・・・・・・・・ 94
　6.3　一元配置分散分析 ・・・・・・・・・・・・・・・・・・・・・・・・・・・・・・・・ 98

Chapter 7　効果量，検出力，メタアナリシス　　103

　7.1　効果量（effect size） ・・・・・・・・・・・・・・・・・・・・・・・・・・・・・・ 103
　7.2　コーエン（Cohen）の d ・・・・・・・・・・・・・・・・・・・・・・・・・・・ 104
　7.3　α と β と検出力 ・・・・・・・・・・・・・・・・・・・・・・・・・・・・・・・・・ 105
　7.4　カーリー（Currie）の検出限界 ・・・・・・・・・・・・・・・・・・・・・・ 107
　7.5　メタアナリシス ・・・・・・・・・・・・・・・・・・・・・・・・・・・・・・・・・ 108

Chapter 8　相関　　111

　8.1　準備体操 ・・・・・・・・・・・・・・・・・・・・・・・・・・・・・・・・・・・・・・ 111
　8.2　相関係数 ・・・・・・・・・・・・・・・・・・・・・・・・・・・・・・・・・・・・・・ 112
　8.3　ピアソンの相関係数 ・・・・・・・・・・・・・・・・・・・・・・・・・・・・・・ 114
　8.4　順位相関係数 ・・・・・・・・・・・・・・・・・・・・・・・・・・・・・・・・・・・ 117

8.5	エピローグ	120
8.6	自己相関があるデータの相関係数	122

Chapter 9　回帰分析　125

9.1	最小2乗法	125
9.2	息抜き体操	127
9.3	例：第五の力	128
9.4	ポアソン回帰	132
9.5	ポアソン回帰と似た方法，等価な方法	133
9.6	ポアソン回帰のあてはまりの良さ	134
9.7	ロジスティック回帰	137
9.8	ROC曲線	141

Chapter 10　ピークフィット　143

10.1	簡単な例題	144
10.2	フィッティング	146
10.3	一般化線形モデル	148
10.4	非線形一般化線形モデル	149
10.5	度数分布を使わないフィッティング	150

Chapter 11　主成分分析と因子分析　153

11.1	多変量データ	153
11.2	主成分分析	155
11.3	例：中野・西島・ゲルマンの法則	157
11.4	因子分析	158

Chapter 12　リッカート型データとノンパラメトリック検定　161

12.1	リッカート型データ	161
12.2	ウィルコクソン検定（順位和検定）	163
12.3	ブルンナー・ムンツェル検定	165
12.4	並べ替え検定	167
12.5	並べ替えブルンナー・ムンツェル検定	168
12.6	ブートストラップ	168
12.7	ほかの方法	169

Chapter 13　生存時間解析　173

13.1	プロローグ	173
13.2	生存時間解析	174

参考文献　183

索　引 187

Chapter 1

Rで遊ぶ

1.1 Rとは

　Rは，オープンソースの言語処理系である [1]。対話形式で使われることが多い。特に統計・データ解析，統計グラフ作成に強い。

　Rの元となったSは，1976年ごろから，AT&T Bell研究所の統計学者たちによって開発された [2]。Bell研究所はUNIXやC言語の発祥地である。C言語の伝統に則り，S言語も1文字の名前が付けられた。

　SはS商用のS-PLUSに発展した。一方，オープンソースのRは，1990年代に，Auckland大学のRoss IhakaとRobert Gentleman（2人のR）によって実装された。現在は，彼らを含むR Core Teamによって開発が続けられ，CRAN（Comprehensive R Archive Network，シーランまたはクランと読む）というサイト（https://cran.r-project.org）で公開されている。CRANには多数のミラーサイトがあり，負荷分散している。ソースコードのほか，Windows, Mac, Linux用のインストーラがある。Windows版・Mac版は通常の（GUIを備えた）アプリケーションであるが，Linux版と同様に，ターミナルにRと打ち込んで使うこともできる。（RubyやPythonと同様に）単独のスクリプトも作成できる。最近では他の実装（Microsoft R Openなど）もある。

　Rは内部的にはSchemeに近い関数型言語である [3, 4, 5]。Chambers [6] はRの特徴をfunctional OOP（関数型オブジェクト指向プログラミング）と呼んでいる。

　RはEmacs（ESS）やIPython/Jupyter Notebook, Mathematicaなどからも使える。最近ではRStudioという専用フロントエンドが有名である。RStudioにはサーバ版もあり，Webブラウザから使える。

> ✎ RstudioはRソース（*.R）をダブルクリックして開くとその位置に作業ディレクトリ（後述）を移動するので，ディレクトリの概念のない初心者にRソースと関連するデータを提供する際にも便利である。

1.2 簡単な計算

まずは，Rの窓を一つ開いておき，電卓として使おう。

プロンプト > の右側に計算式を打ち込む。まず足し算。123+456（または読みやすいように無駄なスペースを入れて 123 + 456）と打ち込んで Enter キーを打つ。[1] の右側に出るのが答えである。プロンプト > は打ち込まない。

```
> 123 + 456
[1] 579
```

掛け算は *，割り算は / だ。計算の順序は，通常の数式と同様，掛け算・割り算が先，足し算・引き算が後になる。括弧 ( ) で計算の順序が変えられるのも，通常の数式と同様である。

```
> 123 * 456 - 987 / (654 + 321)
[1] 56086.99
```

井桁印（#）の右側はコメント（注釈）である。覚え書きを書いておくのに使う。

```
> pi             # これは円周率
[1] 3.141593
> print(pi)      # これでも同じこと
[1] 3.141593
> print(pi, digits=16) # 桁数を増やしたい
[1] 3.141592653589793
```

デフォルトの表示桁数を例えば 16 桁にしたければ options(digits=16) と打ち込む。元に戻すには options(digits=7) とする。これは表示桁数だけで，途中の計算は 16 桁程度以上で行われている。統計計算には十分な精度である。

✎ もっと桁数を増やしたければ **Rmpfr** のような多倍長計算パッケージを使えばよい（パッケージについては後述）。

↑ キー，↓ キー（ESSの場合は M-p, M-n）で入力の履歴を前後できる。変数（オブジェクト）への代入（付値）は = または <- で行える。

```
> x = 12345    # 代入
> x <- 12345   # これでも同じ
> x
[1] 12345
```

✎ R言語（およびその前身のS言語）の代入は，もともと x <- 12345 または逆向きに 12345 -> x のように書いたが，1998年のS Version 4から x = 12345 とい

う書き方もできるようになった。Chambers の 1998 年の本 [3] では = が主に使われている。R 言語では 2001 年から = も使えるようになった。現在でも <- を使う人が多い（例：“Google's R Style Guide”）が，本書では = を使っている。<- を使う理由として，= は関数の引数リストの中では名前付き引数を指定する = と衝突することが挙げられる。例えば

```
x = 12345
sqrt(x)
```

と書くべきところを端折って sqrt(x = 12345) とすると，x は引数名と解釈されるので，変数 x に 12345 は代入されない。sqrt(x <- 12345) または sqrt((x = 12345)) または sqrt({x = 12345}) とする必要がある（ただし，こういう端折った書き方はしないほうがよい）。なお，比較 x < -1 の空白を省いて x<-1 と書くと，代入 x <- 1 の意味になるので，注意を要する。

変数（オブジェクト）名は大文字・小文字を区別する。

```
> x = 12345
> x             # 小文字
[1] 12345
> X             # 大文字
 エラー： オブジェクト 'X' がありません
```

pi は円周率だが予約語ではないので別の値を代入することも可能である（しないほうがよい）。

```
> pi          # 円周率
[1] 3.141593
> pi = 3      # いたずらをしてやろう
> pi
[1] 3
> rm(pi)      # 自分で定義したほうをrm（remove，削除）すると
> pi          # 元のpiに戻る
[1] 3.141593
```

同様なものに F と T があり，それぞれ FALSE（偽）と TRUE（真）という論理値が入っているが，別の値を代入することもできる。

pi（円周率 $\pi = 3.14159\ldots$）は定義済みだが，e（自然対数の底 $e = 2.718\ldots$）は定義されていない。e を使いたいなら，指数関数 e^x を計算する exp() を使って e = exp(1) とすればよい。

> R の予約語には if, else, repeat, while, function, for, in next, break, TRUE（真）, FALSE（偽）, NULL（空オブジェクト）, Inf（無限大 Infinity）, NaN（非数 Not a Number，例えば 0/0）, NA（欠測値 Not Available）などがある。全予約語のリストは ?reserved と打ち込めば列挙される。

関数の括弧を閉じないとどうなるか。

```
> sin(pi/2   # おっと，括弧を閉じるのを忘れてEnterを押してしまった……
+ )          # プロンプトが + になるので，閉じ括弧を入力してEnter
[1] 1
>
```

このように，続きの入力を促すプロンプト + が出るので，その右側に続きを入力して [Enter] を押す。わけがわからなくなったら，[Esc] か [Ctrl] + [C]（ESS では C-c C-c）でプロンプトに戻る。

ところで，答えの前にいつも出る [1] とは何か？ R では値は一般にベクトル（1 次元の配列，数が 1 列に並んだもの）で，その要素番号（添字）が [1] から始まる。つまり，この数字は各行の最初の要素番号である。

```
> x = 5:70    # xに長いベクトル (5,6,7,8,...,70) を代入
> x           # 表示させてみる
 [1]  5  6  7  8  9 10 11 12 13 14 15 16 17 18 19 20 21
[18] 22 23 24 25 26 27 28 29 30 31 32 33 34 35 36 37 38
[35] 39 40 41 42 43 44 45 46 47 48 49 50 51 52 53 54 55
[52] 56 57 58 59 60 61 62 63 64 65 66 67 68 69 70
```

$x[1] = 5$, $x[2] = 6$, $x[18] = 22$, $x[35] = 39$, … というわけである。

一般のベクトルを入力するときは c() という関数を使う。c は combine または concatenate（結合する）の頭文字である。

```
> x = c(3.14, 2.718, 0.577)
> x
[1] 3.140 2.718 0.577
> x + 10      # 演算は個々の要素に作用する
[1] 13.140 12.718 10.577
> x * 10      # * は掛け算の記号
[1] 31.40 27.18  5.77
> sqrt(x)     # 関数も個々の要素に作用する。sqrt() は平方根
[1] 1.7720045 1.6486358 0.7596052
> length(x)   # ベクトルの長さ
[1] 3
> sum(x)      # 和
[1] 6.435
> mean(x)     # 平均
[1] 2.145
> sd(x)       # 標準偏差
[1] 1.374223
> x[1]        # 配列の第1要素
[1] 3.14
> x[2:3]      # 配列の第2〜3要素
[1] 2.718 0.577
```

1.3　ヘルプと終了

ヘルプを読むには，英語でよければ

```
> help.start()
```

と打ち込むと，ブラウザでオンラインヘルプが読める。特定のトピック（例え

ば mean() 関数）について英語のヘルプを見るなら，

> help(mean)

または

> ?mean

と打ち込む。予約語や演算子の類は help("=") や help("if") のように "" で囲む必要がある。

ほかに，キーワード検索 help.search("...")，部分一致検索 apropos("...") がある。

Rを終了するには，[閉じる]ボタンを使ってもいいが，Rのコンソールに q() と打ち込むのが伝統的な方法である。q は quit（終わる）の頭文字だ。すると，「作業スペースを保存しますか？」（英語環境では "Save workspace image?"）などと聞いてくるので，通常は n （いいえ）と答える。もし y と答えれば，作業スペース（変数の値などすべての状態）がRの作業ディレクトリの .RData というファイルに保存され，次回の起動時に自動的に読み込まれる。**作業ディレクトリ**（working directory）とは，Rが作業のために使うフォルダのことで，getwd() で調べられ，setwd() で変更できる。

通常は，作業スペースより，打ち込んだコマンドの履歴を保存するほうが便利である。履歴が作業ディレクトリの .Rhistory というファイルに入るようにあらかじめ設定してあるか，メニュー画面で設定できることが多い。

> 履歴の保存設定は GUI（マウス等によるメニュー操作）で行うのが簡単であるが，非 GUI 環境の場合は，ホームディレクトリ（デフォルトのフォルダ）に .Rprofile というファイルを作り，次のように書き込む（あるいはすでにある .Rprofile に追記する）：
>
>   .Last = function() if (interactive()) try(savehistory(".Rhistory"))
>
> これで履歴が作業ディレクトリの .Rhistory に入る。作業ディレクトリではなくホームディレクトリの .Rhistory に入れたければ
>
>   .Last = function() if (interactive()) try(savehistory("~/.Rhistory"))
>
> とする。~（波印，チルダ，tilde）はホームディレクトリを表す。

1.4 データの入力

少数のデータであれば，次のように c() を使って書き並べる。

> 身長 = c(168.5, 172.8, 159.0)
> 体重 = c(69.5, 75.0, 56.5)

肥満度（BMI, body mass index）を計算してみよう。/ は割り算，^2 は 2 乗を意味する。

```
> 体重 / (身長 / 100)^2
[1] 24.47851 25.11735 22.34880
```

小数点以下を丸めるには round() を使う。

```
> round(体重 / (身長 / 100)^2)
[1] 24 25 22
> round(体重 / (身長 / 100)^2, 1)
[1] 24.5 25.1 22.3
```

✎ 例えば c(3,4,5,6) は 3:6 と書ける。また，c(3,5,7,9) は seq(3,9,2) または seq(from=3, to=9, by=2) のように始値，終値，増分で指定することもできる。

✎ 同じ値の繰返しは rep() で表せる：

```
> rep(7, 10)
 [1] 7 7 7 7 7 7 7 7 7 7
> rep(c(1,2), 10)
 [1] 1 2 1 2 1 2 1 2 1 2 1 2 1 2 1 2 1 2 1 2
```

応用として，5段階のアンケート結果のように，1が2個，2が3個，…といったデータを入れるには，次のようにすると簡単である：

```
> x = rep(1:5, c(2,3,4,3,2))   # 1,2,3,4,5がそれぞれ2,3,4,3,2個
> x
 [1] 1 1 2 2 2 3 3 3 3 4 4 4 5 5
> y = rep(1:5, c(0,2,4,5,3))
> y
 [1] 2 2 3 3 3 3 4 4 4 4 4 5 5 5
> table(x)       # 見やすい表にして表示
x
1 2 3 4 5
2 3 4 3 2
> t.test(x, y)  # t検定をする
```

アンケート結果 x, y を t 検定で比較するには t.test(x,y) と打ち込めばいいが，検定については後で説明する。

1.5 データフレーム

身長・体重などは，data.frame() という関数を使って一つの**データフレーム**にまとめると便利である。

```
> 身長 = c(168.5, 172.8, 159.0)
> 体重 = c(69.5, 75.0, 56.5)
> X = data.frame(身長, 体重)
```

```
> X
    身長  体重
1 168.5 69.5
2 172.8 75.0
3 159.0 56.5
```

✎ この左端に出力される 1，2，3 は行番号である。番号の代わりに

```
> row.names(X) = c("太郎", "二郎", "三郎")
```

のようにして名前を付けることもできる。

データフレームの「身長」だけにアクセスするには X$身長 とする：

```
> X$身長
[1] 168.5 172.8 159.0
```

✎ データフレームは行列のようなものであり，次のようにして行・列を指定して取り出せる：

```
> X[1, ]              # 行を指定
    身長 体重
1 168.5 69.5
> X[ ,1]              # 列を指定
[1] 168.5 172.8 159.0
> X[1,1]              # 行・列を指定
[1] 168.5
```

データ列に性別を付け加えてみよう：

```
> X$性別=c("M", "M", "F")
> X
    身長  体重 性別
1 168.5 69.5    M
2 172.8 75.0    M
3 159.0 56.5    F

> X$BMI = round(X$体重 / (X$身長 / 100)^2)
> X
    身長  体重 性別 BMI
1 168.5 69.5    M   24
2 172.8 75.0    M   25
3 159.0 56.5    F   22
```

1.6 ファイルの読み書きと文字コード

　データフレームは CSV（comma-separated values）という形式で書き出すのが汎用性が高い（次のコマンドは長いので 2 行に分けて書いたが，実際は 1 行

に打ち込んでよい）：

```
write.csv(X, "X.csv", quote=FALSE, row.names=FALSE,
          fileEncoding="CP932", eol="\r\n")
```

CSVはテキストファイルで，次のように値をコンマで区切っただけのものである：

```
身長,体重,性別,BMI
168.5,69.5,M,24
172.8,75,M,25
159,56.5,F,22
```

上で使った `write.csv()` のオプションの意味は次の通りである：

- `quote=FALSE`：文字列をダブルクォートで囲まない
- `row.names=FALSE`：行名（行番号）を出力しない
- `fileEncoding="CP932"`：ファイルの文字コードをCP932（シフトJISを拡張したWindows標準の「コードページ932」）にする（WindowsのRではこれがデフォルトだが，MacやLinuxではUTF-8デフォルトである）
- `eol="\r\n"`：行末文字（end-of-line characters）をCRLF（Windowsの行末，CSVの仕様を定めたRFC 4180でもこれを使うことになっている）にする（MacやLinuxでは `eol="\n"` がデフォルト）

文字コードCP932のCSVファイルは，拡張子を `csv` にしておけば，WindowsでもMacでもExcelがインストールされていればダブルクリックするだけでExcelが起動して開いてくれる。また，Windowsの「メモ帳」のようなテキストエディタで開いても読める。

このCSVファイルをRで読み込むには `read.csv()` を使う：

```
> Y = read.csv("X.csv", fileEncoding="CP932")
```

Windowsでは `fileEncoding="CP932"` がデフォルトなので指定する必要はない。

しかし，これからの時代は，海外との情報交換も視野に入れて，文字コードはUTF-8に統一すべきであろう。

CSVファイルに限らず，テキストファイルの文字コードをUTF-8からCP932に変換するには，Rで次のようにすればよい：

```
con = file("X.csv", "r", encoding="UTF-8")
X = readLines(con)
close(con)
con = file("Y.csv", "w", encoding="CP932")
writeLines(X, con, sep="\r\n")
close(con)
```

逆も同様である。

- 汎用の文字コード変換ツールとしては nkf や iconv がある。このどちらかは（もし入っていなければ）入れておくと便利である。

- 最近の Excel なら BOM 付き UTF-8 は文字化けせず読めるようである。ただ，こうして読み込んだものを Excel で編集して上書き保存すると，形式が崩れるようである。また，UTF-8 の BOM は Windows 以外ではゴミであり，かえって問題を生じる可能性もある。

- ファイル経由でなくてもコピペ（クリップボード）経由で Excel とのデータのやりとりができるが，いわゆる**コピペ汚染**が生じ，結果に再現性がなくなる（「さっきできたのに，今やってみると結果が違う。前回どこからどこまでをコピペしたのか覚えていない」問題）。

ファイルの場所は，デフォルトでは作業ディレクトリであるが，絶対パス，相対パス，URL を指定できる：

```
> X = read.csv("D:/work/X.csv")   # 絶対パス指定で読む場合（Windows）
> X = read.csv("http://okumuralab.org/~okumura/stat/data/coal.csv") # URL指定
```

- read.csv() は，1 行目の文字列は変数名と解釈するが，2 行目以下に文字列があると，その列全体が R でいう**ファクター**（factor，因子）つまりカテゴリ型変数として扱われる。同じことは data.frame(性別=c("M", "M", "F")) と打ち込んだときにも生じる。ファクターでも文字列の文脈で使えば自動的に文字列に変換してくれるが，あらかじめ

  ```
  options(stringsAsFactors=FALSE)  # 文字列をファクターに変換しない
  ```

  と打ち込んでおけば文字列で統一され，ファクターについて覚えなくてすむ。

- read.csv() より高速で，しかも文字列をデフォルトでファクターに変換しない読み込み関数がいくつか開発されている。本書執筆時では **data.table** パッケージや **readr** パッケージが注目されるが，まだ仕様が変わりうるので，本書では標準の関数を使っている。

- R 標準では CSV 以外に TSV（タブ区切り）などが使える。Excel（第 1.8 節参照），SAS，SPSS，Stata，XML，JSON など，多様なファイル形式を扱うパッケージが公開されている。新しい高速なファイル形式 feather も有望である。

1.7　図の描き方

正規分布（後で説明する）の乱数を百万個作る：

```
> x = rnorm(1000000)
```

度数分布図（histogram）を描く関数は hist() である：

```
> hist(x)
```

ちょっと寂しいので色を付けよう。ついでに「Histogram of ...」というメインタイトルを日本語にしよう。

```
> hist(x, col="gray", main="ヒストグラムの例")
```

結果は図 1.1 のようになる。

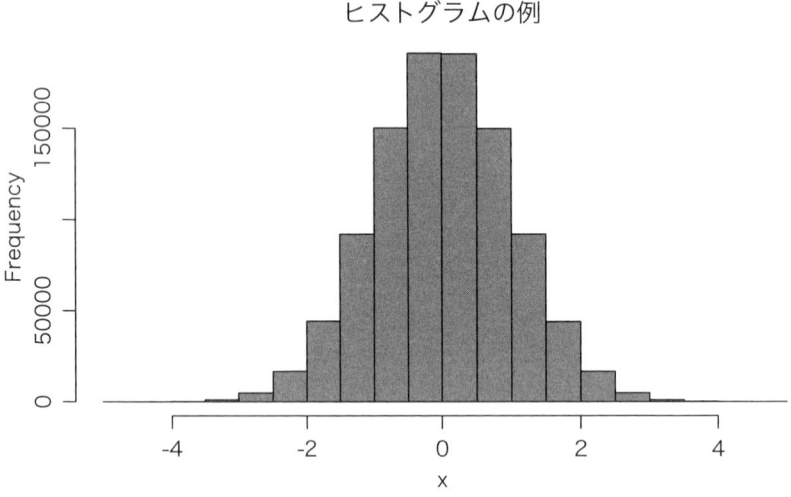

図 1.1 ヒストグラムの例。実際の論文などでは，図の説明はこのようなキャプションに書くのが普通で，図の中に図のタイトルを書き込まないほうがよい。

Mac の R で日本語を使うときは，日本語フォントを指定しないと文字化けする。例えばヒラギノ角ゴ ProN W3 を使うなら，あらかじめ

```
par(family="HiraKakuProN-W3")
```

と打ち込んでおく。par() はグラフィックパラメータ設定の関数である。

- 本書では，日本語を使わない図には Palatino という欧文フォントを使っている。

- ほかによく使うパラメータとデフォルト値は次の通りである（詳細は ?par と打ち込んで現れるヘルプ参照）：

  ```
  par(mar=c(5,4,4,2)+0.1)  # 下・左・上・右マージン
  par(mgp=c(3,1,0))  # 軸マージン
  par(las=0)  # 軸ラベルの向き。1にするとy軸のラベルも水平になる
  ```

  軸マージン mgp は本書では c(2,0.8,0) または c(1.5,0.5,0) くらいに狭くしている。

- 上の図は LaTeX ファイルに \includegraphics[scale=0.664]{fig/hist.pdf} と書いて挿入している。fig サブディレクトリの中には次のような hist.R ファイルが置いてある：

  ```
  quartz(type="pdf", file="hist.pdf", width=7, height=4)  # 7×4インチ
  par(family="HiraKakuProN-W3", mgp=c(2,0.8,0), mar=c(3,3,2,2)+0.1)
  x = rnorm(1000000)
  ```

```
hist(x, col="gray", main="ヒストグラムの例")
dev.off()
```

これをRで自動処理するには Rscript hist.R というコマンドを打ち込む。Rscript はファイルに収めたRのコードを実行するためのコマンドである。

✎ \includegraphics のオプション [scale=0.664] は，Rの quartz() グラフィックのデフォルト文字サイズ $12\,\mathrm{pt}$（$1\,\mathrm{pt} = 72\,\mathrm{in}$）を LaTeX の \footnotesize つまり $8\,\mathrm{pt}$（$1\,\mathrm{pt} = 72.27\,\mathrm{in}$）に変換する。$(8/72.27)/(12/72) \approx 0.664$ である。なお，LaTeX の jsarticle 等の標準の全角幅 $1\,\mathrm{zw}$ は $13\,\mathrm{Q} = 13/4\,\mathrm{mm}$ であるので，例えば $15\,\mathrm{zw}$ 幅の図を描きたければ R 側では $13/4/25.4/0.664 \times 15$ インチを指定すればよい（1 インチは $25.4\,\mathrm{mm}$）。

✎ 以下はUNIX開発環境（Linux等，Command Line Toolsを入れたMac, Cygwin か Rtools[1] の類を入れた Windows）を使いこなしている人へのヒントである。上で Rscript hist.R と打ち込めば hist.R が自動処理されると書いたが，実際には，ほかにも多数のRファイル（以下では hoge.R, fuga.R）がある。PDFファイルがないか，あってもRファイルより古い場合に限って Rscript を起動してPDFファイルを生成するには，次のような Makefile というファイルを作っておく。この場合，空行も含めてたった6行のファイルである：

```
all: hist.pdf hoge.pdf fuga.pdf

.SUFFIXES: .pdf .R

.R.pdf:
        Rscript $<
```

Rscript $< という行はインデント（字下げ）する。インデントはスペースではなく必ず1個のタブで行う。このディレクトリの中で make と打ち込めば，必要なPDFファイルが生成される。PDFファイル名を列挙するのが面倒なら，上の Makefile の最初の1行を次の5行で置き換える：

```
SRC=$(wildcard *.R)

PDF=$(SRC:.R=.pdf)

all: $(PDF)
```

✎ 上記 hist.R スクリプトでは，Macだけで使える quartz() 関数を使って，Quartzグラフィックデバイス経由でPDFを生成している。ほかにもいろいろなデバイスがあり，PDFのほか，PNGやJPEGなどが生成できる。Macに依存しないものとしては，**Cairo** パッケージの Cairo デバイスがよく使われる。

✎ hoge.R から必ず hoge.pdf を生成するのであれば，quartz() 関数でファイル名を指定する代わりに，次のようにすることができる：

```
args = commandArgs()
basename = sub("\\.R$", "",
               sub("^--file=(.*/)?", "", args[grep("^--file=", args)]))
quartz(type="pdf", file=paste0(basename, ".pdf"), width=7, height=4)
```

✎ 本書の図の中には手書きSVGも含まれている。これはRの **rsvg** パッケージ

---

[1] CRANで配布されている。インストール時のヒント：Edit the system PATH にチェックを付ける。

の `rsvg_pdf()` 関数により PDF に変換してから LaTeX ドキュメントにインクルードした。

- UNIX 系 OS なら，ファイルの 1 行目に `#! /usr/bin/env Rscript` と書いて，「実行」のパーミッションを付けておけば，スクリプトとして実行できる。

- UNIX 系 OS でいわゆるバッチジョブをバックグラウンドで実行するには

    ```
    nohup R CMD BATCH hoge.R &
    ```

    のようなコマンドを投入し，放置しておく（ログアウトしてもかまわない）。結果は `hoge.Rout` に出力される。

1.8　パッケージの例：Excel ファイルを読む

ここでいう**パッケージ**とは，R にインストールして R の機能を拡張するためのものである。

R にインストールされているすべてのパッケージは `library()` と打ち込むと表示される。これら以外にも，たくさんのパッケージが CRAN で公開されている。CRAN 以外にも，Bioconductor（http://bioconductor.org）や GitHub（https://github.com）などでも多数のパッケージが公開されている。

Excel ファイルを読むパッケージだけでもいくつもあるが，ここでは **readxl** というパッケージを紹介する。パッケージを CRAN からインストールするための関数は `install.packages()` である：

```
> install.packages("readxl")
```

CRAN のどのミラーを使うかを聞いてきたら，日本国内の近場のミラーを選ぶ。

- どの CRAN ミラーを使うかを聞いてこないようにするには，ホームディレクトリの `.Rprofile` という名前のファイル（なければ作る）に

    ```
    options(repos="https://cran.ism.ac.jp")
    ```

    のような形でお気に入りのサイトを書き込んでおく。

インストールしただけでは使えない。現在起動中の R にロード（読み込み）する必要がある：

```
> library(readxl)   # または library("readxl")
```

- スクリプト中で必要に応じてパッケージをインストールしてロードするには次のようにする。

```
        pkg = "readxl"
        if (!require(pkg, character.only=TRUE)) {
            install.packages(pkg)
            library(pkg, character.only=TRUE)
        }
```

✎ 現在起動しているRにロードされているパッケージの一覧はsearch()と打ち込むと表示される。

readxlが読み込まれれば，read_excel()という関数が使えるようになる。これでExcelファイル（*.xlsまたは*.xlsx）が読めるようになる：

```
x = read_excel("test.xlsx")
```

✎ 応用例として，複数のExcelファイルを集計する簡単なテクニックを紹介しておく。セルA1, B1, C1, …に変数名，セルA2, B2, C2, …に値が入っている多数の*.xlsxファイルが作業ディレクトリにあり，それを全部読んで一つのデータフレームにしたいなら，

```
> names = dir(pattern="*.xlsx")
> alldata = do.call(rbind, lapply(names, read_excel))
```

と打ち込めばよい。dir()はファイル名一覧を返す関数，lapply()は個々の要素について関数を呼び出して結果を「リスト」として返す関数，rbind()は行を結合する関数，do.call()は関数を「リスト」に適用する関数である。リストはRのデータ構造の一つだが，本書では詳しく述べない。

読み込んだパッケージを元に戻す（見えなくする）には

```
> detach(package:readxl)
```

のように打ち込む。

CRANのパッケージはときどき更新される。インストールされているパッケージをすべて更新するには

```
> update.packages()
```

と打ち込む。

Chapter 2 統計の基礎

2.1 尺度水準

データはその尺度によって次のように分類できる [7]：

- **名義尺度**（nominal scale）：性別（男・女），血液型（A・B・AB・O）のように，順序関係がない。
- **順序尺度**（ordinal scale）：「賛成」「どちらかといえば賛成」「どちらかといえば反対」「反対」のように，順序関係があるが，間隔は定義されない。
- **間隔尺度**（interval scale）：例えばセ氏温度。間隔には意味があるが，80 °C は 40 °C の 2 倍ではない。
- **比例尺度・比率尺度**（ratio scale）：例えば雨量。80 mm の雨は 40 mm の雨の 2 倍である。

名義尺度・順序尺度のデータを**カテゴリカルデータ**（カテゴリ型データ，categorical data），特に後者を**順序カテゴリカルデータ**（ordinal categorical data）という。

データはまずグラフにする習慣を身につけたい。

- **散布図**（scatter plot, x-y plot）は，二つの量（間隔尺度以上）の関係を平面上の点で表したものである。両軸とも 0 から始める必要はない。片方または両方の目盛を対数にすることがある（**片対数グラフ**，**両対数グラフ**）。
- 散布図で点を線分で結べば**折れ線グラフ**になる。特に片方が時間の**時系列**（time series）データの場合によく使う。折れ線グラフの縦横比は折れ線の典型的な傾きの絶対値が 45° 程度になるように選ぶ（Cleveland [13] の "banking to 45°" の原則）。
- **棒グラフ**は，比例尺度の量を，棒の長さ（面積）で表す。0 から始めるのが基本である。したがって，対数目盛の棒グラフは好ましくない。インク量あたりの情報量が少ないので，科学では使われる頻度は低い。

例えば毎日の雨量は比例尺度だから棒グラフで表してもよいが，気温は（絶

対温度でない限り）間隔尺度であり，棒グラフではなく折れ線グラフを使う。

　円グラフや帯グラフは，全体における割合を表すにはよいが，個々の値どうしの比較には棒グラフがよい。複数回答のアンケート結果のように合計が100％にならない場合は，円グラフや帯グラフではなく，棒グラフにする。

　いわゆる3次元（3D）グラフは，錯覚を利用して特定の部分を大きく見せることができ，ビジネスでは重宝されるが，科学では用いない。

　色分けして凡例を付けるのはなるべく避ける。

　いわゆる**チャートジャンク**（chartjunk，情報量のない視覚的な飾り）は避ける。

　統計グラフについては，テューキー（John W. Tukey）[8]，タフティ（Edward R. Tufte）[9, 10, 11, 12]，クリーブランド（William S. Cleveland）[13, 14] あたりは古典として押さえておきたい。

2.2　代表値

　n 個の数値 $X_1, X_2, \ldots, X_n$ が与えられたとき，これらの値を代表する値（代表値）として最もよく使われるのが**平均値**（mean, average）

$$\bar{X} = \frac{X_1 + X_2 + \cdots + X_n}{n} \tag{2.1}$$

である。$\bar{X}$ は「エックス・バー」と読む。Rでは `mean()` で求められる。

```
> X = c(0, 7, 8, 9, 100)
> mean(X)
[1] 24.8
```

データ X の中に**欠測値**（Not Available な値，`NA`）が一つでも含まれていれば，`mean(X)` は `NA` になる。欠測値を無視して平均を求めるには `mean(X, na.rm=TRUE)` とする。`na.rm` は `NA` を削除（remove）することを意味し，R のいろいろな関数にオプションで付けることができる。これ以外に，`NaN`（Not-a-Number，非数，$0 \div 0$ など）や `Inf`（∞）という「値」もある。

```
> Y = c(0, 7, 8, NA, 0/0)
> Y
[1]   0   7   8  NA NaN
> mean(Y)
[1] NA
> mean(Y, na.rm=TRUE)   # NAもNaNも削除してくれる
[1] 5
```

　🐾 上で定義したものを**相加平均**または**算術平均**（arithmetic mean）ともいう。これに対して，積の n 乗根

$$\sqrt[n]{X_1 X_2 \cdots X_n}$$

を相乗平均または幾何平均（geometric mean）という。これは

$$\log 相乗平均 = \frac{\log X_1 + \log X_2 + \cdots + \log X_n}{n}$$

とも書けるので，$X \to \log X$ という変数変換をしたときの（相加）平均である。$X > 0$ の場合しか意味を持たない。相乗平均は，例えばある年に物価が a 倍になり，翌年さらに b 倍になったとき，1年あたりの物価上昇は $\sqrt{ab}$ 倍であるといった場合に使う。

- 欠測値を無視するのをデフォルトにしてほしいと思われるかもしれない。しかし，欠測値を単純に無視するだけでは結果に偏りが生じるおそれがあるので，欠測値の取り扱いはつねに意識的に行い，必要に応じて報告すべきである（例えば [15] 参照）。

運動競技などの採点で，極端な点数を付ける審査員の影響を少なくするために，点数を大きさの順に並べて，両側から同数ずつ削除してから平均を求めることがある。このような平均を trimmed mean（トリム平均，トリムド平均，調整平均，刈り込み平均）という。R では mean() に trim=... というオプションを与える。次の例では 20 % ずつ両側から（合わせて約 40 %）外す（個数 × 0.2 を切り捨てて整数にした個数ずつ両側から外す）。

```
> mean(X, trim=0.2)
[1] 8
```

このトリム平均を推し進めて，大きさの順に並べた両側からどんどん値を外していき，残りが 1 個または 2 個になったときのトリム平均を，**中央値**（median）という。つまり，$X_1 \leq X_2 \leq \cdots \leq X_n$ となるように並べ替えて，n が奇数なら $X_{(n+1)/2}$，n が偶数なら $(X_{n/2} + X_{n/2+1})/2$ が中央値である。R では median() という関数で求める。

```
> median(X)
[1] 8
```

代表値の使い分けとしては，データの分布が後で説明する正規分布に近いなら平均値，後で説明するコーシー分布のように極端な値が非常に多いなら中央値のほうが安定した結果が得られる。トリム平均は，分布にかかわらず，最善ではないけれども妥当な代表値となるものとして，しばしば使われる。

- **ウィンザライズド平均**（Winsorized mean, Winsor は人名）は，両側から同数を外すところまではトリム平均と同じだが，残ったものの最大値・最小値を両側に延ばしていって，元と同じ長さにする。例えば 0, 7, 8, 9, 100 の 20 % ウィンザライズド平均は 7, 7, 8, 9, 9 の平均になる。R では **psych** パッケージの winsor() で求める。

- **ミッドレンジ**（midrange, 範囲の中央）は，最大値と最小値の平均である。一様分布なら，ミッドレンジが最も安定した代表値となる。R では mean(range(X)) で求められる。

分布の形が左右非対称の場合，例えば所得（収入）の分布のような場合に，

平均値を使うか中央値を使うかで結果が大きく異なる。どちらが正しいということはなく，全員の収入をプールして均等に再分配したらどうなるかという意味では平均値，「平均的な」人の収入という意味では中央値が妥当である。

- ネットで商品を星一つ（★☆☆☆☆）から星五つ（★★★★★）までの5段階で評価するとき，代表値は何が適当か考えてみよう。

- 選挙で，似た政策を掲げる候補者が複数いると，共倒れして，望まれないはずの候補者が当選することがある。例えば，2000年のアメリカ大統領選挙では，緑の党のラルフ・ネーダーが立候補したためにゴアの票が食われたのが，ブッシュ当選の一因と言われている。このような多数決の不合理を防ぐための投票の方法がいろいろ考えられている [16, 17]。例えば各候補者に点数で投票し，その代表値（通常は平均値）で勝敗を決める。一部の運動競技の採点では平均値の代わりにトリム平均が用いられる。

2.3 確率変数，乱数，母集団，標本

ある変数 X の値を調べようとすると，調べるたびに値が変わってしまうような変数のことを，数学では**確率変数**（random variable）といい，コンピュータでは**乱数**（random numbers）という。

- かなりいいかげんな定義である。以下ではさらに，毎回の値が**独立**（independent）であり，**確率分布が同じ**（identically distributed）であるという条件（i.i.d. または iid）を暗黙のうちに仮定している。

確率変数 X から n 個の値 $X_1, X_2, \ldots, X_n$ を引き出してくることは，統計学で，非常に大きな集団（**母集団**，population）からランダムに n 個のもの（**標本**，sample）を選び出してくるのと同じことだと考えられる。

- 一つの標本の中に n 個のものが入っている。つまり，一つの標本は，一つの集合である。n は，標本の個数ではなく，標本の大きさ（size）という。英語でいえば n samples ではなく a sample of size n である。

確率変数 X の平均値（または**期待値**，expectation value または expectation）とは $\bar{X} = \frac{1}{n}(X_1 + X_2 + \cdots + X_n)$ の $n \to \infty$ での極限である。これを記号で $E(X)$ または $\langle X \rangle$ と書く。$E(X)$ の値を1文字で表したいときは，平均の英語 mean の頭文字 m に対応するギリシャ文字 μ（ミュー）をよく使う。

統計学では，$\mu = E(X)$ を**母平均**（population mean），母集団から n 個とったものの平均 $\bar{X} = \frac{1}{n}(X_1 + X_2 + \cdots + X_n)$ を**標本平均**（sample mean）という。$E(X)$ は一定の値であるが，X から取り出した X_1 や X_2 などの個々の値，およびそれから計算した $\bar{X}$ は，標本ごとに違う値になる。つまり，X_1 や $\bar{X}$ も確率変数である。それらの期待値はいずれも等しい：

$$E(X_1) = E(X_2) = \cdots = E(\bar{X}) = E(X) = \mu$$

期待値については次の式が成り立つ（$E(\cdot)$ の線形性）：

$$E(aX + bY) = aE(X) + bE(Y)$$

ここで a, b は定数である。

> ✎ $E(X)$ は要するに X の平均 mean(X) である。$E(aX + bY) = aE(X) + bE(Y)$ というのが難しければ，R で次のように試してみよう：
>
> ```
> > X = c(1,2,3,4,5)
> > Y = c(5,3,1,8,9)
> > mean(2 * X + 3 * Y)
> [1] 21.6
> > 2 * mean(X) + 3 * mean(Y)
> [1] 21.6
> ```

2.4 分散と標準偏差

確率変数 X の期待値（母平均）を $\mu = E(X)$ とするとき，X と母平均との差の 2 乗の期待値 $E((X - \mu)^2)$ を X の**分散**（variance）あるいは**母分散**（population variance）という。以下では $V(X)$ または σ^2 で表す：

$$\sigma^2 = V(X) = E((X - \mu)^2), \quad \mu = E(X)$$

この平方根
$$\sigma = \sqrt{E((X - \mu)^2)}$$
を**標準偏差**（standard deviation）という。σ（シグマ）は英語の s に相当するギリシア文字である。S.D. あるいは SD と書くこともある。

確率変数 X, Y が独立ならば，和の分散は分散の和である。もっと一般に，a と b を定数として，$V(aX + bY) = a^2 V(X) + b^2 V(Y)$ が成り立つ。ここから，$V(X \pm Y) = V(X) + V(Y)$ も導かれる。標準偏差 σ に焼き直せば

$$\sigma_{X \pm Y}^2 = \sigma_X^2 + \sigma_Y^2 \tag{2.2}$$

という「三平方の定理」が成り立つ。

> ✎ 実は「X, Y が独立」より弱い条件「X, Y の共分散が 0」でよい。相関係数や共分散については第 8 章で述べる。
>
> ✎ 次の X と Y は共分散が 0 なので $V(aX + bY) = a^2 V(X) + b^2 V(Y)$ が成り立つ：
>
> ```
> > X = c(1,2,3,4,5)
> > Y = c(5,3,1,3,5)
> ```

```
> var(2 * X + 3 * Y)
[1] 35.2
> 4 * var(X) + 9 * var(Y)
[1] 35.2
```

X から引き出した n 個の値 $X_1, X_2, \ldots, X_n$ については,

$$E((X_1 - \mu)^2 + (X_2 - \mu)^2 + \cdots + (X_n - \mu)^2) = n\sigma^2$$

であるが, 母集団の平均値 μ は実際には知ることのできない値である. μ の代わりに標本の平均値 $\bar{X} = \frac{1}{n}(X_1 + \cdots + X_n)$ を使うと, 上式の左辺の値は小さくなる. 実際, $X_1, \ldots, X_n$ を固定したとき, $(X_1 - t)^2 + \cdots + (X_n - t)^2$ を最小にする t の値が $\bar{X}$ にほかならない. 後述のように

$$E((X_1 - \bar{X})^2 + (X_2 - \bar{X})^2 + \cdots + (X_n - \bar{X})^2) = (n - 1)\sigma^2 \tag{2.3}$$

が成り立つ. そこで,

$$s^2 = \frac{1}{n-1}((X_1 - \bar{X})^2 + (X_2 - \bar{X})^2 + \cdots + (X_n - \bar{X})^2)$$

と置くと, s^2 の期待値は母分散に一致する:

$$E(s^2) = \sigma^2$$

これは X の分布によらず成り立つ (正規分布などは仮定していない). 期待値が母分散に一致するということは, 偏り (bias) がないということなので, s^2 は母分散 σ^2 の**不偏推定量** (an unbiased estimator of the population variance σ^2) であるという. 単に**不偏分散** (unbiased variance) ということもある.

✎ 式 (2.3) の証明:$X = \mu + \varepsilon$ と置くと,

$$E(\varepsilon_i) = 0, \quad E(\varepsilon_i^2) = \sigma^2, \quad E(\varepsilon_i \varepsilon_j) = 0 \quad (i \neq j \text{ のとき})$$

となる. この最後の式は ε_i と ε_j が独立であることから出る ($E(\varepsilon_i \varepsilon_j)$ は後で登場する共分散). すると,

$$\sum_{i=1}^{n} E((\varepsilon_i - \bar{\varepsilon})^2) = \sum_{i=1}^{n} E\left(\left(\varepsilon_i - \frac{\varepsilon_1 + \varepsilon_2 + \cdots + \varepsilon_n}{n}\right)^2\right)$$
$$= \frac{1}{n^2} \sum_{i=1}^{n} E((\varepsilon_1 + \cdots + (n-1)\varepsilon_i + \cdots + \varepsilon_n)^2)$$

この右辺の 2 乗を展開し $E(\varepsilon_i^2) = \sigma^2$, $E(\varepsilon_i \varepsilon_j) = 0$ $(i \neq j)$ を代入すると結局 $(n-1)\sigma^2$ だけになる.

✎ なぜ $\sum(X_i - \bar{X})^2$ が n でなく $n - 1$ に比例するのかは, 次のような幾何学的な議論で直感的にわかる. $(X_1, X_2, \ldots, X_n)$ は n 次元空間の点である. しかし, $(X_1 - \bar{X}, X_2 - \bar{X}, \ldots, X_n - \bar{X})$ は,

$$(X_1 - \bar{X}) + (X_2 - \bar{X}) + \cdots + (X_n - \bar{X}) = 0$$

という一つの制約条件を満たすので, 次元の一つ少ない $n - 1$ 次元空間の中に制約される. つまり, 自由度が一つ少ないので, ゆらぎの 2 乗和もその分だけ小さくなる.

✎ n でなく $n-1$ で割ることをベッセルの補正（Bessel's correction）と呼ぶことがあるが，ベッセルより先にガウスが使っていたようである。

要は，**標本分散**（sample variance）は，n で割る方法

$$\frac{1}{n}\sum_{i=1}^{n}(X_i - \bar{X})^2$$

ではなく，$n-1$ で割る方法

$$\frac{1}{n-1}\sum_{i=1}^{n}(X_i - \bar{X})^2$$

で求めるほうがよい。これを求める R の関数は var() である。

この意味がなかなかわかりにくいので，R で簡単な数値実験をしてみよう。

5個の数がある：

```
> x = 1:5    # x = c(1,2,3,4,5) と同じ
```

この分散を求める：

```
> var(x)     # n-1 で割る分散
[1] 2.5
```

どれか一つを外してみよう：

```
> var(c(2,3,4,5)) # 1を外す
[1] 1.666667
> var(c(1,3,4,5)) # 2を外す
[1] 2.916667
> var(c(1,2,4,5)) # 3を外す
[1] 3.333333
> var(c(1,2,3,5)) # 4を外す
[1] 2.916667
> var(c(1,2,3,4)) # 5を外す
[1] 1.666667
```

これらの平均値を求めてみよう：

```
> mean(c(1.666667, 2.916667, 3.333333, 2.916667, 1.666667))
[1] 2.5
```

元の分散と一致した。

一般に，全体からランダムにいくつかが失われても，$n-1$ で割る分散なら，期待値は元の分散と一致する。テストの点数の分散を求める際に，だれかがテスト当日に休んだからといって，分散が（期待値として）減ったりしない。これは n で割る分散にはない良い性質である。

✎ 母集団が正規分布のとき，n で割る分散は，母集団の分散の最尤推定量（後述）である。

✎ 正規分布の場合，真の分散 σ^2 との差の2乗和を最小にするには，$n+1$ で割る方式が一番良い。これは，分散の分布が右に長く延びた非対称な形なので，ある程度左右に縮めたほうが平均的には誤差の2乗和が減るためである。

✎ 得られた値 $X_1, X_2, \ldots, X_n$ が母集団の分布そのものである（これらの値が出現する確率がどれも $\frac{1}{n}$ である，後で説明するブートストラップ法の母集団）と仮定すると，$\frac{1}{n}\sum(X_i - \bar{X})^2$ が母分散そのものになる。

Excel には n で割る分散を求める VARP() または VAR.P() という関数がある。R では次のようにすれば作ることができる：

```
> varp = function(x) { var(x) * (length(x)-1) / length(x) }   # 関数を作る
> varp(1:5)    # 作った関数を使ってみる
[1] 2
> var(1:5)     # こちらはRに元からある関数
[1] 2.5
```

この function() は関数を作るための関数である。

標準偏差 $\sigma = \sqrt{\sigma^2}$ を標本から求める場合には，一般に次の式を使う。

$$s = \sqrt{s^2} = \sqrt{\frac{1}{n-1}\sum_{i=1}^{n}(X_i - \bar{X})^2} \tag{2.4}$$

$E(s^2) = \sigma^2$ であったが，一般に $E(s) \neq \sigma$ である。

R で標準偏差 (2.4) を求めるには sd() を使う。

```
> x = 1:10
> sd(x)
[1] 3.027650
```

確率変数 X の平均 $\mu = E(X)$，分散 $\sigma^2 = E((X-\mu)^2)$ がわかっているとする。X から引き出した数を $X_1, X_2, \ldots, X_n$ とすると，その平均値

$$\bar{X} = \frac{X_1 + X_2 + \cdots + X_n}{n}$$

の期待値は μ に一致する。一方，$\bar{X}$ の分散 $E((\bar{X}-\mu)^2)$ は σ^2/n，したがって標準偏差は $\sigma/\sqrt{n}$ になる。

✎ $\mu = 0$ とすれば，$\bar{X}$ の分散の計算は簡単で，

$$E(\bar{X}^2) = E\left(\left(\frac{X_1 + \cdots + X_n}{n}\right)^2\right) = \frac{1}{n^2}(E(X_1^2) + \cdots + E(X_n^2)) = \frac{\sigma^2}{n}$$

となる。$\mu \neq 0$ のときも同様にできる（もっとも，分散はデータを一律にずらしても変わらないので，$\mu = 0$ の場合だけ計算すれば十分である）。

$\bar{X}$ のような統計量の標準偏差を**標準誤差**（standard error）ということがある。測定回数 n を増やすと，平均値 $\bar{X}$ の標準誤差は $1/\sqrt{n}$ に比例して小さくなる。これが，できるだけ何度も測定して平均をとるべき理由である。測定回数が100倍になれば，標準誤差は $\frac{1}{10}$ になる。

✎ 理系分野では，平均などの統計量をグラフ化する際は，誤差（不確かさ）の程度を表すために，図9.4，図10.1，図10.3右，図10.4のような**エラーバー**（error bar, 誤差棒）を付けるのがお約束である。これらは ± 標準誤差を表すことが多いが，図10.3, 10.4のように信頼区間（後述）であることもあり，元データの標準偏差であることもある。

2.4 分散と標準偏差

- 値の散らばり具合を表すものとしては，分散や標準偏差が最も望ましいというわけではない。最近は，**四分位範囲**（第 3 四分位数と第 1 四分位数の差，interquartile range，IQR）もよく使われる。**四分位数**（quartile）とは全体を小さい順に並べて四分割したときの区切りの値で，第 1 四分位数は小さい方から 25 ％の点，第 3 四分位数は小さい方から 75 ％の点である。ちなみに小さい方から 50 ％の点が中央値である。最小値・第 1 四分位数・中央値・第 3 四分位数・最大値を並べたものを**五数要約**（five-number summary）ということがある（テューキー [8] の命名）。R では fivenum() または quantile() で求められる：

    ```
    > x = 1:9
    > quantile(x)   # 1 3 5 7 9
    > fivenum(x)    # 1 3 5 7 9
    ```

    実はテューキーの五数要約は四分位数を**ヒンジ**（hinge）と呼んで，定義も若干異なる。次のコードを試されたい。

    ```
    > y = c(1, 2, 4, 8, 16, 32)
    > quantile(y)   # 1 2.5 6 14 32
    > fivenum(y)    # 1  2  6 16 32
    ```

    quantile() の第 1 四分位数は 2, 4 の間を線形補間して 2.5 にするが，fivenum() は単に下半分 1, 2, 4 の中央値を使っている。このように微妙に違う定義が少なくとも 9 通りある（R に ?quantile と打ち込んで表示されるヘルプに 9 通りの説明がある）。

- 四分位範囲は R の関数 IQR() で求められる。

- 四分位範囲の半分を**四分位偏差**（quartile deviation）という。

- データと中央値の差の絶対値の中央値 median(abs(x - median(x))) を **MAD**（median absolute deviation）という。標準正規分布の MAD は qnorm(0.75) ≈ 1/1.4826 なので，正規分布の場合に標準偏差と比較しやすくするために，MAD の定義を 1.4826 倍しておくことがある。R の関数 mad() はデフォルトではこの 1.4826 倍した値を返す。

- 高校の数学教科書にも出るようになった**箱ひげ図**（box-and-whisker plot, box plot, boxplot）は，⊢□─⊣ のような箱とひげを使って五数要約を表す。高校で習う箱ひげ図は，ひげが最小値・最大値まで伸びるが，R の boxplot() では，発案者テューキー [8] の流儀で，ひげは長さが IQR の 1.5 倍を超えない範囲の最も離れたデータ点まで伸び，より離れた点は一つずつプロットする。

- 高校の数学教科書では，四分位数の定義がちょっとおかしい。例えば 1 から 9 までの整数 (1,2,3,4,5,6,7,8,9) の第 1 四分位数は，中央値 5 を除いた下半分 (1,2,3,4) の中央値 2.5 である。これは R の quantile() や fivenum()，Excel の QUARTILE() のどれとも違う定義である。教科書会社が文部科学省に問い合わせたとき，この定義を教えられたという噂である。

- Excel（2010 以降）では四分位数は QUARTILE.INC() で求める（古い Excel の QUARTILE() もまだ使える）。仕様は R の quantile() 同様，補間を使う。QUARTILE.EXC() もあるが，何に使うのかわからない。

- $(X_i - \bar{X})^2$ の平均は，X_i^2 の平均から $\bar{X}^2$ を引いたものである。このことを使えば分散が少しだけ簡単に求められるので，コンピュータが遅い時代には重宝

された。しかし，この方法では「桁落ち」（数値計算の誤差の一種）が大きくなりがちである。いずれにしても，コンピュータが速くなった今となっては，あまり意味がない。

2.5　中心極限定理と正規分布

一番簡単な乱数は，ある範囲の数がまんべんなく出る**一様乱数**（uniform random numbers）である。Rの関数 runif(n) は，$0 \leq x < 1$ の範囲の一様乱数を n 個取り出す（Rはデフォルトではメルセンヌ・ツイスターというアルゴリズムで乱数を発生するが，RNGkind() で変更できる）。

```
> runif(1)
[1] 0.388267
> runif(10)
 [1] 0.2146394 0.2765450 0.5433135 0.4784538 0.8147103 0.1141375
 [7] 0.6488306 0.7947468 0.1698610 0.2440027
```

もっとたくさんの数，例えば百万個でやってみよう。

```
> X = runif(1000000)   # 百万個の乱数
> hist(X, freq=FALSE)  # ヒストグラム（度数分布図）を描く
```

ヒストグラム（度数分布図）を描く hist() を使った。オプション freq=FALSE は縦軸の目盛りを，デフォルトの個数（frequency）でなく，密度（density）にすることを意味する。密度とは，ヒストグラムの棒の面積の和が1になるように付けた目盛りである。下で説明する確率密度関数の縦軸と同じものになる。

✎　さらにヒストグラムを自分好みにするには，例えば

```
> hist(X, freq=FALSE, col="gray", breaks=50)
```

のように色（col=...），分割数（breaks=...）を指定する。

このヒストグラムを関数で表したものを**確率密度関数**（probability density function，略して p.d.f. または pdf）または単に**密度関数**と呼ぶ。数学的にいえば，任意の $a < b$ について，$a \leq x \leq b$ の範囲に乱数が入る確率が $\int_a^b f(x)dx$ になるように選ばれた関数 $f(x)$ が確率密度関数である。runif() の確率密度関数は

$$f(x) = \begin{cases} 1 & 0 \leq x < 1 \text{ のとき} \\ 0 & \text{それ以外} \end{cases} \tag{2.5}$$

と表せる。

この runif() を二つ加えたらどうなるだろうか。

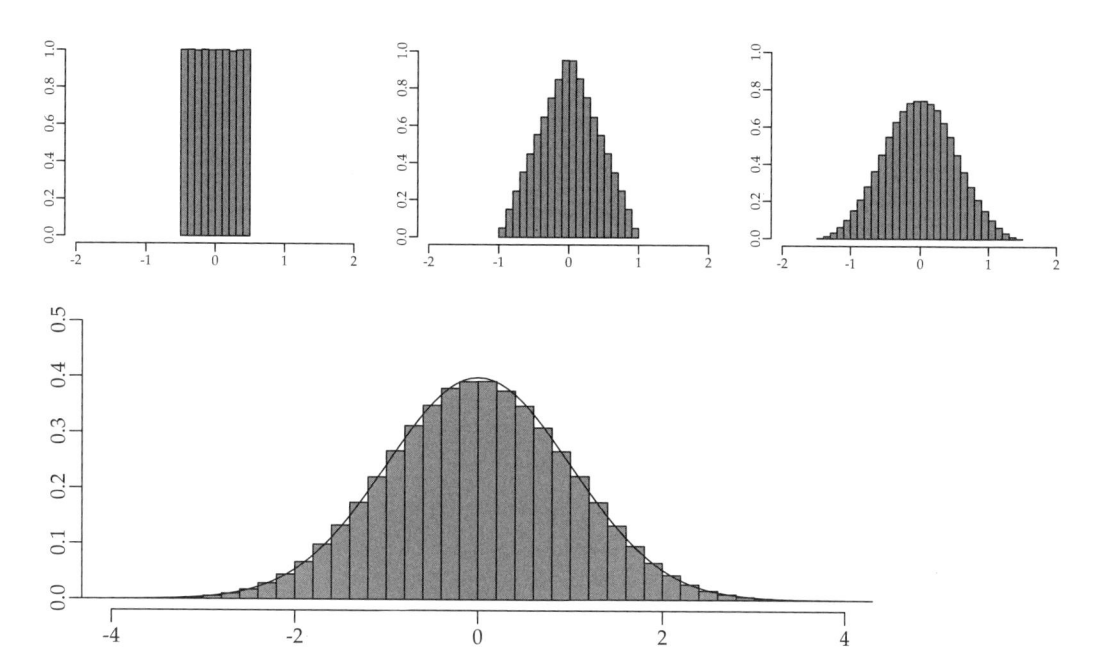

図 2.1 runif() − 0.5 を 1 個，2 個，3 個，12 個加えた分布。12 個加えれば，ほぼ標準正規分布になる。

```
> X = runif(1000000) + runif(1000000)
> hist(X, freq=FALSE)
```

三個ならどうなるだろうか。

```
> X = runif(1000000) + runif(1000000) + runif(1000000)
> hist(X, freq=FALSE)
```

だんだん釣り鐘の形に近づくことがわかる。

runif() は平均値が 0.5 であるので，0.5 を引いて範囲を $-0.5 \leq x < 0.5$ にして考えよう。この分散は

$$\int_{-0.5}^{0.5} x^2 dx = \frac{1}{12}$$

であるので，12 個加えるとちょうど分散が 1 になる。

図 2.1 が，runif() − 0.5 を 1 個，2 個，3 個，12 個加えた分布のヒストグラムである。

図 2.1 の最後のもの（12 個加えたもの）の滑らかな曲線は

$$f(x) = \frac{1}{\sqrt{2\pi}} \exp\left(-\frac{x^2}{2}\right) \tag{2.6}$$

を描いたものである（$\exp(z) = e^z$ は指数関数，$e = 2.718\ldots$ は自然対数の底）。$\int_{-\infty}^{\infty} \exp(-x^2/2)dx = \sqrt{2\pi}$ であるので，(2.6) は確率密度関数である。この分布を**標準正規分布**（standard normal distribution）という。標準正規分布の確率密度関数は，R では

```
(1 / sqrt(2 * pi)) * exp(-x^2 / 2)
```

としても求められるが，後述のように，dnorm() という関数も定義されている。

度数分布図

```
X = runif(1000000) + …中略… + runif(1000000) - 6   # 12個
hist(X, freq=FALSE)
```

にこの曲線を重ね書きするには，

```
curve(dnorm(x), add=TRUE)
```

と打ち込めばよい（curve() は曲線を描く関数，add=TRUE は重ね書きを意味するオプション）。

> ✎ $\int_{-\infty}^{\infty} \exp(-x^2/2)dx$ の計算ができなければ，R で数値計算してみよう。数値積分の関数 integrate() を使う。Inf は ∞ である。
>
> ```
> > integrate(function(x){exp(-x^2/2)}, -Inf, +Inf)
> 2.506628 with absolute error < 0.00023
> > sqrt(2 * pi)
> [1] 2.506628
> ```
>
> よって，$\int_{-\infty}^{\infty} \exp(-x^2/2)dx = \sqrt{2\pi}$ である。

乱数を足し合わせる上の実験は，一様分布の乱数 runif() から出発したが，有限な分散を持つどんな分布から出発しても，まったく同じことが成り立つ。

数学的に言えば，平均 μ，分散 σ^2 の確率変数 X がどんな分布であっても，そこから引き出した数 $X_1, X_2, X_3, \ldots, X_n$ の平均値

$$\bar{X} = \frac{X_1 + X_2 + \cdots + X_n}{n}$$

の分布は，平均値が元と同じ μ で，分散が σ^2/n になるので，

$$\frac{\bar{X} - \mu}{\sqrt{\sigma^2/n}}$$

の分布は平均 0，分散 1 になる。ここまでは n の値にかかわらず言える。ここで，n が十分大きくなると，この分布は式 (2.6) の標準正規分布に近づく。これが有名な**中心極限定理**（central limit theorem）である。

X が標準正規分布に従うならば，$\sigma X + \mu$ は平均 μ，分散 σ^2 の**正規分布**（normal distribution）に従う。平均 μ，分散 σ^2 の正規分布を $\mathcal{N}(\mu, \sigma^2)$ と表す。標準正規分布は $\mathcal{N}(0, 1)$ と表される。

$\mathcal{N}(\mu, \sigma^2)$ の確率密度関数は次のようになる：

$$f(x) = \frac{1}{\sqrt{2\pi\sigma^2}} \exp\left(-\frac{(x-\mu)^2}{2\sigma^2}\right) \tag{2.7}$$

> ✎ $\mathcal{N}$ は LaTeX で \mathcal{N} と書く。このように書かなければならない必然性はなく，N でもかまわないが，$\mathcal{N}$ のほうがかっこいい。

なお，正規分布を研究した数学者ガウス（Carl Friedrich Gauss, 1777–1855）[18] に敬意を表して，正規分布のことを**ガウス分布**（Gaussian distribution）ともいう。**ガウシアン**といえば正規分布のことである。

変数がある範囲に入る確率を求めるには，密度関数を積分しなければならない。そこで，あらかじめ密度関数 $f(x)$ を積分した

$$F(q) = \int_{-\infty}^{q} f(x)dx$$

を求めておくと便利である。この $F(q)$ を**累積分布関数**（cumulative distribution function）あるいは単に**分布関数**（distribution function）と呼ぶ。$F(q)$ がわかっていれば，確率変数 X が $a < X \leq b$ の範囲に入る確率は $F(b) - F(a)$ で求められる。

分布関数 $p = F(q)$ の逆関数 $q = F^{-1}(p)$ を**分位関数**または**分位点関数**（quantile function）と呼ぶことがある。

R には標準正規分布 $\mathcal{N}(0,1)$ の

- 密度関数 dnorm(x)
- 分布関数 pnorm(q) $= \int_{-\infty}^{q}$ dnorm(x)dx
- 分位関数 qnorm(p)
- 乱数を n 個発生する rnorm(n)

がある。これらは，dnorm(x, mean=μ, sd=σ) のように平均と標準偏差を与えることもできる。省略すれば dnorm(x, mean=0, sd=1) の意味になる。

正規分布の乱数を**正規乱数**という。

物理現象の測定では，測定誤差がほぼ正規分布をすることがよくある。これに対して，他の多くの分野では，観測値そのものが正規分布をすることはまずないが，中心極限定理のおかげで，観測値の平均値はほぼ正規分布になる。

正規分布 $\mathcal{N}(\mu,\sigma^2)$ をする変数 X が平均 ± 標準偏差の範囲内に入る確率，つまり $\mu - \sigma < X < \mu + \sigma$ になる確率は，標準正規分布 $\mathcal{N}(0,1)$ をする変数 Z が $-1 < Z < 1$ になる確率に等しく，R で次のようにして求められる。

```
> pnorm(1) - pnorm(-1)
[1] 0.6826895
```

正規分布が左右対称であることを使えば，次のようにしても同じである。

```
> 1 - 2 * pnorm(-1)
[1] 0.6826895
```

つまり，ほぼ 68 % の確率で正規分布は $\mu \pm \sigma$ の範囲に入る。

同様にして，$\mu \pm 2\sigma$，$\mu \pm 3\sigma$ に入る確率はそれぞれ

```
> 1 - 2 * pnorm(-2)
[1] 0.9544997
> 1 - 2 * pnorm(-3)
[1] 0.9973002
```

で求められる。また，$\mu \pm k\sigma$ の範囲に入る確率が 95 %，99 % になるような k はそれぞれ

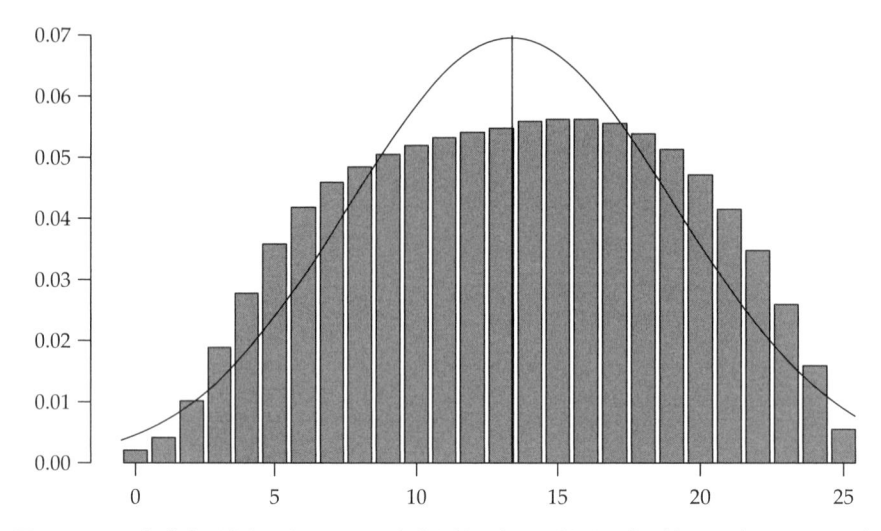

図 2.2 2015 年度全国学力・学習状況調査中学校理科の正答数分布（全 25 問）と，同じ平均・標準偏差をもつ正規分布の密度関数。これは一例だが，テストの点数の分布は一般に正規分布から大きく外れる。誤差の分布ではなく人間の分布だから，当然である。

```
> qnorm(0.95)
[1] 1.644854
> qnorm(0.99)
[1] 2.326348
```

で求められる。

テストの点数の分布は一般に正規分布から大きく外れる（例：図 2.2）。

- 図 2.2 のようなデータは文部科学省所轄の国立教育政策研究所（国研，NIER）のサイトから得られる[1]。念のため本書サポートページに正答数分布 rika_hist.csv，都道府県ごとの生徒数と平均正答数 rika.csv を置いておく（いずれも文字コードは UTF-8）。

    ```
    > x = read.csv("data/rika_hist.csv")
    > n = sum(x$生徒数)
    > barplot(x$生徒数/n, names.arg=x$正答数)
    ```

    標準偏差は sd(rep(x$正答数, x$生徒数)) で 5.74 ほどである。したがって，都道府県ごとの平均正答数の標準偏差はこれに sqrt(mean(1 / y$生徒数)) を掛けて 0.05 ほどのはずであるが，実際には rika.csv からわかるように 0.72 ほどもある。つまり，都道府県の平均のばらつきは個人のばらつきでは説明できない。これは重要な事実で，都道府県ごとの平均しか与えられていないデータから個人のばらつきの傾向について調べることは困難であることを示す。

- 偏差値は，テストの点数から平均点を引いて，標準偏差で割って，10 倍して，50 を足したものである：

$$偏差値 = \frac{X - \bar{X}}{s} \times 10 + 50$$

つまり，平均 50，標準偏差 10 になるように点数を線形変換したものである。よく偏差値 40〜60 の範囲には全体の 68 % が入り，偏差値 30〜70 の範囲には

---

[1] http://www.nier.go.jp/15chousakekkahoukoku/（サイトの URL は変わりうるので注意）

2.6 コーシー分布

95％が入るなどと言われるが，それはテストの点数が正規分布の場合であり，あまり意味がない。さらに酷い誤解に，「偏差値はテストの点数が正規分布のときしか使えない」というものまであるが，それなら偏差値は現実のテストでは使えない。

2.6 コーシー分布

どれだけ正規分布から離れていても，分散が有限であれば，中心極限定理が成り立つので，その平均値は正規分布に近づく。

しかし，世の中には中心極限定理の前提が満たされない本当に困る分布もある。その有名な例が，密度関数が $1/(1+ax^2)$ に比例する**コーシー分布**（Cauchy distribution）[2] である。この分散を計算しようとしても，$x^2/(1+ax^2)$ の積分は発散してしまう。そもそも $x/(1+ax^2)$ も積分できない。

Rには密度関数が $1/(1+x^2)$ に比例するコーシー分布の

- 密度関数 dcauchy(x)
- 分布関数 pcauchy(q) $= \int_{-\infty}^{q}$ dcauchy(x)dx
- 分位関数 qcauchy(p)
- 乱数を n 個発生する rcauchy(n)

がある。

コーシー分布と正規分布を重ねプロットしてみよう（図2.3）：

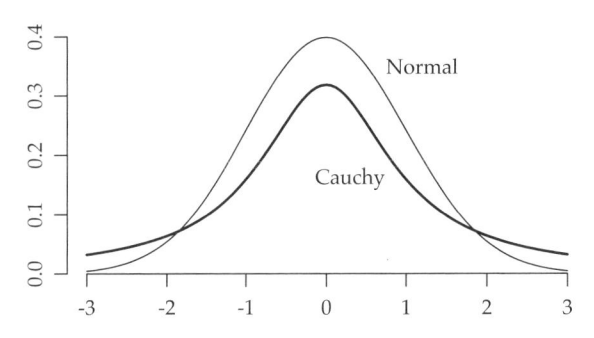

```
curve(dnorm(x), xlim=c(-3,3), ylim=c(0,0.4), xlab="", ylab="",
      frame.plot=FALSE, yaxs="i")
curve(dcauchy(x), lwd=2, add=TRUE)
text(0.3, 0.16, "Cauchy")
text(1.2, 0.35, "Normal")
```

図2.3　コーシー分布と正規分布

---

[2] 分野によってはブライト・ウィグナー（Breit-Wigner）分布またはローレンツ（Lorentz）分布とも呼ぶ。自由度1の t 分布の密度関数は $1/(1+x^2)$ で，コーシー分布と同じである。

実験をしてみよう。100万個のコーシー分布の乱数を作る。

```
x = rcauchy(1000000)
```

この度数分布を表示するために hist(x) としても，まともに表示されない。x = sort(x) で並べ替えて，最初の数個を head(x) で表示させたり，最後の数個を tail(x) で表示させたりすると，6〜7桁のとんでもない値が含まれることがわかる。そのため，平均 mean(x) を求めると，0 からかなり外れてしまう。このような分布は，分散はもとより，平均値を求めることにも意味がない。強いて求めるなら，中央値がよい。

正規分布に比べて**外れ値**（outliers）が非常に多い場合の分布のモデルにコーシー分布が使われることがある。

2.7 正規分布から導かれる分布

以下の分布は頻繁に現れる。R の練習にもなるので，乱数を発生させて度数分布を描き，理論的な密度関数と比べてみるとよい。

カイ2乗分布

正規分布のヒストグラム hist(rnorm(100000)) から始めて，いろいろ遊んでみよう。例えば hist(rnorm(100000)^2) のように2乗にしてみると自由度1のカイ2乗分布になる。それを二つ足して hist(rnorm(100000)^2 + rnorm(100000)^2) とすれば自由度2のカイ2乗分布になる。

一般に，ν 個の数値 $X_1, X_2, \ldots, X_\nu$ が標準正規分布 $\mathcal{N}(0,1)$ に従うとき，

$$\chi^2 = X_1^2 + X_2^2 + \cdots + X_\nu^2$$

の分布を**自由度 ν のカイ2乗分布**（χ^2 分布）(chi-square distribution with ν degrees of freedom) と呼ぶ。記号では $\chi^2(\nu)$ と書く。χ はギリシア文字「カイ」(chi) である。自由度を表すのによく使う文字 ν はギリシア文字「ニュー」(nu) である。R のマニュアルでは ν ではなく df と書かれている。

自由度 ν の χ^2 分布の密度関数 $f(x)$ は $x^{\nu/2-1}e^{-x/2}$ に比例する。

χ^2 は $X_1^2, X_2^2, \ldots$ という独立な確率変数の和であるので，中心極限定理のため ν が大きいと正規分布に近づく。

R には自由度 ν の χ^2 分布の

- 密度関数 dchisq(x, ν)
- 分布関数 pchisq(q, ν) $= \int_0^q$ dchisq(x, ν)dx
- 分位関数 qchisq(p, ν)

- 乱数を n 個発生する rchisq(n, ν)

がある。

$X_1, X_2, \ldots, X_n$ が正規分布 $\mathcal{N}(\mu, \sigma^2)$ に従うとき，標本分散

$$s^2 = \frac{1}{n-1} \sum_{i=1}^{n} (X_i - \bar{X})^2$$

の分布は（定数倍を除いて）χ^2 分布である。正確には，$(n-1)s^2/\sigma^2$ が自由度 $n-1$ の χ^2 分布になる。

t 分布

X が標準正規分布 $\mathcal{N}(0,1)$ に従い，Y が自由度 ν の χ^2 分布に従うとき，

$$t = \frac{X}{\sqrt{Y/\nu}}$$

の分布を，自由度 ν の**スチューデントの t 分布**（Student's t distribution with ν degrees of freedom）あるいは単に自由度 ν の **t 分布**と呼ぶ[3]。本によっては大文字で T 分布と書くこともある。

自由度 ν の t 分布の密度関数 $f(t)$ は $(1 + t^2/\nu)^{-(\nu+1)/2}$ に比例する。

特に，$X_1, X_2, \ldots, X_n$ が $\mathcal{N}(\mu, \sigma^2)$ に従うとき，σ^2 の値にかかわらず，

$$t = \frac{\bar{X} - \mu}{\sqrt{s^2/n}} = \frac{\bar{X} - \mu}{s/\sqrt{n}} \tag{2.8}$$

は自由度 $n-1$ の t 分布に従う。実際には $X_1, X_2, \ldots, X_n$ の分布が正規分布でない場合，例えば runif() のような一様乱数の場合でも，n がある程度大きければ，図 2.4 のように，式 (2.8) で計算した t の値は近似的に t 分布に従う。

R には自由度 ν の t 分布の

- 密度関数 dt(x, ν)

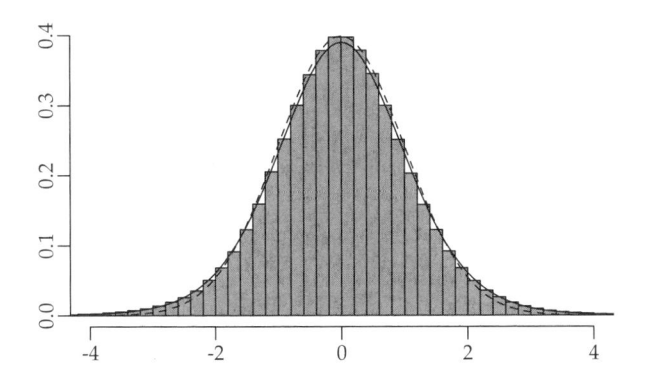

図 2.4 一様分布の乱数 runif() 12 個から式 (2.8) で計算した t の値。実線は自由度 11 の t 分布，破線は正規分布。

---

[3] Student はゴセット（W. S. Gosset, 1876–1937）のペンネームである。

- 分布関数 pt(q, ν) = $\int_{-\infty}^{q}$ dt(x, ν)dx
- 分位関数 qt(p, ν)
- 乱数を n 個発生する rt(n, ν)

がある。

F 分布

u_1 が自由度 ν_1 の χ^2 分布，u_2 が自由度 ν_2 の χ^2 分布に従うとき，

$$F = \frac{u_1/\nu_1}{u_2/\nu_2}$$

の分布を，自由度 (ν_1, ν_2) の F 分布（F distribution with (ν_1, ν_2) degrees of freedom）という。

自由度 (ν_1, ν_2) の F 分布の密度関数 $f(F)$ は $F^{\nu_1/2-1}(1+\nu_1 F/\nu_2)^{-(\nu_1+\nu_2)/2}$ に比例する。

特に，$X_1, \ldots, X_n, Y_1, \ldots, Y_m$ が $\mathcal{N}(\mu, \sigma^2)$ に従うとき，$X_1, \ldots, X_n$ の標本分散を s_1^2，$Y_1, \ldots, Y_m$ の標本分散を s_2^2 とすれば，

$$F = \frac{s_1^2}{s_2^2}$$

は自由度 $(n-1, m-1)$ の F 分布に従う。

R には自由度 (ν_1, ν_2) の F 分布の

- 密度関数 df(x, ν_1, ν_2)
- 分布関数 pf(q, ν_1, ν_2) = $\int_0^q$ df(x, ν_1, ν_2)dx
- 分位関数 qf(p, ν_1, ν_2)
- 乱数を n 個発生する rf(n, ν_1, ν_2)

がある。

Chapter 3

2項分布，検定，信頼区間

3.1 2項分布

歪んだ硬貨があって，投げると確率 θ で表が出て，確率 $1-\theta$ で裏が出るとする。

- 高校数学では，表の出る確率をよく p と書くが，ここでは p を後で別の意味に使う予定なので，θ と書いた。θ といっても角度のことでも空から降ってくる女の子でもない。

- 伝統的に硬貨が用いられるが，「パンを落としてバターを塗った側が下に落ちる確率」や「スマホを落としてスクリーン側が地面に当たる確率」でもよい。なお，このどちらも 0.5 より大きいと言われている（マーフィの法則）。

毎回の表裏の出方は独立である（つまり，表の後は裏が出やすいといったことはない）。このとき，表の出る回数がちょうど r 回である確率は，高校数学で学ぶように，

$$_nC_r \theta^r (1-\theta)^{n-r}$$

である。$_nC_r$ は n 個から r 個を選ぶ組合せ（combination）の数で，$\binom{n}{r}$ という記号で表すこともある。**階乗**（$n! = n(n-1)(n-2)\cdots3\cdot2\cdot1$）を使えば

$$_nC_r = \binom{n}{r} = \frac{n!}{r!(n-r)!}$$

と表せる。

このような確率分布を **2項分布**（binomial distribution）という。これを以下では $\mathrm{Binom}(n,\theta)$ と表し，表の出る回数 r が2項分布 $\mathrm{Binom}(n,\theta)$ に従うことを

$$r \sim \mathrm{Binom}(n,\theta)$$

と書くことにする。

Rでは，階乗は `factorial()`，組合せの数は `choose()` で求められる。以下の2通りの計算は同じ結果になる：

```
> factorial(10) / (factorial(3) * factorial(7))
[1] 120
> choose(10, 3)
[1] 120
```

確率 0.4 で表が出る硬貨を 10 回投げて表が 3 回出る確率は $_{10}C_3 \cdot 0.4^3 \cdot 0.6^7$ であるが，これは R の dbinom(r, n, θ) という関数でも求められる。

```
> choose(10,3) * 0.4^3 * 0.6^7
[1] 0.2149908
> dbinom(3, 10, 0.4)
[1] 0.2149908
```

確率 0.5 で表が出る硬貨を 10 回投げて表が 0〜10 枚出る確率を全部出力するには次のようにする。

```
> dbinom(0:10, 10, 0.5)
 [1] 0.0009765625 0.0097656250 0.0439453125 0.1171875000
 [5] 0.2050781250 0.2460937500 0.2050781250 0.1171875000
 [9] 0.0439453125 0.0097656250 0.0009765625
```

これを図 3.1 のようなグラフにするには次のように打ち込む（names.arg=... は棒のラベル指定，las=1 は軸ラベルをつねに水平に書くオプション）：

```
barplot(dbinom(0:10,10,0.5), names.arg=0:10, las=1)
```

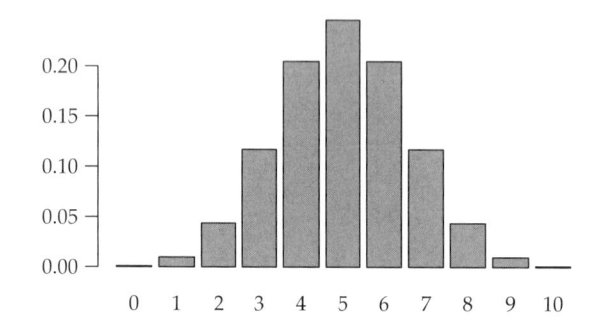

図 3.1　偏りのない硬貨を 10 回投げて表が 0〜10 回出る確率

* y 軸を 0.25 までにするにはオプション ylim=c(0,0.25) を付ける。

* 2 項分布のようにとびとびの値をとる確率変数の分布を**離散分布**という。これに対して，正規分布のように連続値をとる確率変数の分布を**連続分布**という。連続分布のヒストグラム（度数分布図）は図 2.1（25 ページ）のように棒どうしを密着させて描くが，2 項分布のような離散分布の個々の離散値の分布は図 3.1 のように少し離して描くことが多い。

* dbinom() を順に加えていった累積確率は pbinom() で求められる：

```
> pbinom(0:10, 10, 0.5)
```

```
[1] 0.0009765625 0.0107421875 0.0546875000 0.1718750000
[5] 0.3769531250 0.6230468750 0.8281250000 0.9453125000
[9] 0.9892578125 0.9990234375 1.0000000000
```

累積確率（分布関数）$p = \mathtt{pbinom}(r, n, \theta)$ の逆関数は $r = \mathtt{qbinom}(p, n, \theta)$，$m$ 個の乱数を発生する関数は $\mathtt{rbinom}(m, n, \theta)$ である。

✎ 硬貨を次々に n 回投げて表が r 回出る問題は，硬貨を同時に n 枚投げて表が r 枚出る問題と等価である。ただし，後者の場合は，まったく同じ歪み方の硬貨を n 枚用意しなければならない。なお，物理学では，同時に投げた場合の統計が古典的な統計法則に従わない場合がある（Bose 統計，Fermi 統計）。

3.2 統計的仮説検定の考え方

さて，ここからが重要なところである。

ある硬貨を 10 回投げたところ，表が 2 回しか出なかった。このことから，この硬貨は表が出にくいと言ってよいであろうか。

この問題に答えるために，まず，この硬貨は表が出やすかったり裏が出やすかったりしないと仮定してみる。このような中立的な仮定を**帰無仮説**（null hypothesis）と呼ぶ。この場合の帰無仮説は，表の出る確率 θ がぴったり 0.5 であるという仮説である。つまり，表の出る回数は 2 項分布 $\mathrm{Binom}(10, 0.5)$ に従う。このような硬貨を「フェア」（fair，公平，公正）であるともいう。「フェア」は「偏った」（biased）の対語である。

さて，この帰無仮説 $\mathrm{Binom}(10, 0.5)$ のもとに，表が 0〜10 回出る確率を求める。これは，さきほど述べたように dbinom(0:10, 10, 0.5) で求められるが，近似値を再掲する：

<u>0.001</u>, <u>0.010</u>, <u>0.044</u>, 0.117, 0.205, 0.246, 0.205, 0.117, <u>0.044</u>, <u>0.010</u>, <u>0.001</u>

このうち，実際に起こった事象（「表が 2 回出る」）の確率は 0.044 である。この「表が 2 回出る」事象またはそれより珍しい事象が起こる確率は，0.044 以下の確率（上で下線を引いた値）の和

$$p = 0.001 + 0.010 + 0.044 + 0.044 + 0.010 + 0.001 = 0.11$$

で求められる。この値を，「硬貨がフェアである」という帰無仮説を仮定した場合の，「表が 2 回出る」という事象の ***p* 値**（ピーち，*p*-value）と呼ぶ。*p* 値が非常に小さければ，実際に起きた事象あるいはそれより珍しい事象はこの帰無仮説ではほとんど起こらないはずである。したがって，もし実際にその事象が起きたならば，それは帰無仮説を反証する十分な証拠となりうる。つまり，最初の「この硬貨は表が出にくいと言ってよいか」という質問は，「$p = 0.11$ は非常に小さいと言ってよいか」という質問に置き換えることができる。

では，p 値がどれくらい小さければ「この硬貨は表が出にくい」と言ってよいであろうか。この p 値が大きいか小さいかの境界を**有意水準**または**危険率**という。有意水準の例としては 0.05 という値がよく使われる（これを「5% 水準」という）。このとき，$p < 0.05$ であれば，帰無仮説からの外れが「統計的に**有意**」(statistically significant) である，あるいは「帰無仮説は**棄却** (reject) される」という。もし $p \geq 0.05$ であれば何の結論も出さない。

つまり偶然では 20 回に 1 回も起きないようなことが起これば「有意」（意味がある）だが，$p = 0.11$ くらいでは偶然でも 9 回に 1 回は起きてしまうので，科学的根拠としては薄い。もっと実験をやって少なくとも $p < 0.05$ になってから発表してくれ，というわけである。

このような推論のしかたを**統計的仮説検定**（statistical hypothesis testing），略して**統計的検定**，**仮説検定**，**検定**という。特に 2 項分布を使った検定を **2 項検定**という。

- 統計的仮説検定の考え方は数学的帰納法に似ている。

- $p = 0.05$ という値に特に意味はないが，正規分布で 2σ 以上に入る確率が約 0.05 であることと関係があるかもしれない（後でもう少し詳しく議論する）。なお，物理学（特に素粒子実験など）では 5σ 以上を「発見」とする習慣がある。

- 日本語の「帰無仮説」は「棄却されて無に帰すべき仮説」という含意がありそうである。一方，英語 null hypothesis の "null" は「ゼロ」という意味で，「効果がない」「中立」という含意がありそうである。

- 上の定義の p 値を**両側 p 値**（two-tailed or two-sided p-value）とも呼ぶ。また，上の例で $p_{\text{lower}} = 0.001 + 0.010 + 0.044 = 0.055$ を**下側 p 値**，$p_{\text{upper}} = 0.044 + 0.117 + 0.205 + 0.246 + 0.205 + 0.117 + 0.044 + 0.010 + 0.001 = 0.989$ を**上側 p 値**，これらのうち小さいほうを**片側 p 値**（one-tailed or one-sided p-value）と呼ぶ。2 項分布 $\text{Binom}(n, 0.5)$ のような左右対称の分布では，片側 p 値の 2 倍が両側 p 値である。

- パラメータ θ が 1 個しかない 2 項分布のような分布では，片側 p 値のほうがわかりやすい。しかし，第 5 章で扱う分割表の 2×2 より大きい場合のように，パラメータが多次元の場合もあるので，「与えられた事象またはそれより珍しい事象が起こる確率」を p 値とするほうが一般的なのであろう。ただ，何をもって「より珍しい」とするかは自明ではない（例えば連続分布では確率密度の大小はパラメータの付け方に依存する）。この「順序付け」問題については 70 ページの Feldman–Cousins の考え方も参照されたい。

R では `binom.test()` という関数を使えば簡単に 2 項検定ができる：

```
> binom.test(2, 10, 0.5)

        Exact binomial test

data:  2 and 10
number of successes = 2, number of trials = 10, p-value = 0.1094
...
```

この p-value = 0.1094 が p 値である。通常は p 値を 4 桁も報告する必要はない。$p = 0.11$ あるいは $p = 0.1$ でも十分である。

10 回投げて表が 1 回なら，`binom.test(1, 10, 0.5)` と打ち込めば，$p = 0.02$ ほどになり，5％水準で有意になることがわかる。

- p 値だけほしいときは `binom.test(2, 10, 0.5)$p.value` と打ち込めばよい。

- 帰無仮説 Binom(10,0.5) を仮定したとき，偶然に $p < 0.05$ になる確率はどれだけか？ これは次のようにして求められる：

  ```
  > p = sapply(0:10, function(x) binom.test(x, 10, 0.5)$p.value)
  > q = dbinom(0:10, 10, 0.5)
  > sum(q[p < 0.05])
  [1] 0.02148438
  ```

  つまり $p < 0.05$ になる確率は 0.021 ほどである。これが硬貨を 1000 回投げた場合には 0.046 ほどになり，無限回投げた極限，あるいは連続分布の場合には，$p < 0.05$ になる確率は正確に 0.05 になる。一般に，連続分布の場合，$p < \alpha$ の確率は α である。言い換えれば，帰無仮説のもとで，p 値は $0 \leq p \leq 1$ の範囲で一様分布する確率変数（乱数）である。

- 上で `dbinom()` は 0:10 のようなベクトルの引数を受け付けるが，`binom.test()` はそうではない。そこで，

  `function(x) binom.test(x, 10, 0.5)$p.value`

  という関数を作って，その引数に 0:10 を適用するために `sapply()` という関数を使った。また，`q[p < 0.05]` は `p < 0.05` を満たす q の要素（ここでは表が出る確率）という意味である。

3.3 統計的仮説検定に関する議論

帰無仮説は現象の理解を助けるために設定した一つのモデルである。そのモデルと現実のデータとの整合性（consistency）の度合を確率のことばで表したものが p 値である。p 値が非常に小さければ，モデルとデータは両立しにくいので，より良いモデルを考えなければならないことになる。

だいたいここまでの話は，**フィッシャー**（Ronald Fisher, 1890–1962）が「有意性の検定」（test of significance）と呼んだものである。このフィッシャーの考え方を推し進めた**ネイマン**（Jerzy Neyman, 1894–1981）と**ピアソン**（Egon Pearson, 1895–1980）は，より数学的な理論を打ち立てた [19]。彼らは，帰無仮説以外に**対立仮説**（alternative hypothesis）を導入し，帰無仮説が正しいのに帰無仮説を棄却してしまうという**第 1 種の誤り**（type I error）の確率 α を一定に保った上で，対立仮説が正しいのに帰無仮説が棄却できないという**第 2 種の誤り**（type II error）の確率 β が小さいほど，良い仮説検定であると考える。こ

の数学的な問題設定においては，実験前に有意水準を例えば $\alpha = 0.05$ と決めたなら，必ず $p = 0.049$ で帰無仮説を棄却して $p = 0.051$ で棄却しない冷酷な判断をすることになる．この点にフィッシャーは非常に違和感を感じ，最後までネイマン・ピアソン流の考え方を認めなかった．

* 有意水準の例としてよく使われる 0.05 という値はどこから出てきたのか．フィッシャー [20] は，主に農事試験に関してであるが，次のような書き方をしている：

  > Personally, the writer prefers to set a low standard of significance at the 5 per cent. point, and ignore entirely all results which fail to reach this level. A scientific fact should be regarded as experimentally established only if a properly designed experiment rarely fails to give this level of significance. The very high odds sometimes claimed for experimental results should usually be discounted, for inaccurate methods of estimating error have far more influence than has the particular standard of significance chosen.

  つまり，$p < 0.05$ は最低限の基準で，これさえ満たせないのは論外であるが，あとは p 値が小さいことより再現性があることのほうが大切だ，というわけである．

* 伝統的に，次のように p 値のおおまかな範囲を * 印の数で示すことがある：

  * $0.01 \leq p < 0.05$
  ** $0.001 \leq p < 0.01$
  *** $p < 0.001$

  $p \geq 0.05$ を，有意でないという意味で n.s. (not significant) と書くことがある．また，$0.05 \leq p < 0.1$ のとき「有意傾向がある」といった言い方をして，別の記号（例えば . （ピリオド1個））で表すこともある．これらの記号は，たくさんの検定結果を表で示すときには便利であるが，そうでない場合は具体的に $p = 0.021$ のように書くほうがよい．

* 「5％水準で有意」は $p < 0.05$ か $p \leq 0.05$ か．ぴったり $p = 0.0500\cdots$ になることはまずないので，どちらでもよい．

* p 値の報告のしかたについては第 7 章の最初の部分も参照されたい．

今日の科学における統計的方法は，フィッシャーの心情を汲みながら，ネイマン・ピアソンの定式化を使うことが多い．ただし，最近は p 値への批判と，以下に述べるベイズ流（ベイジアン）の考え方が盛んになりつつある．

本書ではベイズ統計学については基本的な考え方を紹介するにとどめるが，まず $p = 0.05$ の意味は「帰無仮説が95％の確率で正しい」ではないことをよく理解する必要がある．硬貨の例でいえば，「硬貨は95％の確率でフェア（$\theta = 0.5$）である」ではない．2項分布のパラメータ θ は連続量であり，ぴったり $\theta = 0.50000\cdots$ になる確率はおそらく 0 であろう．$0.49 \leq \theta \leq 0.51$ のように幅を持たせたところで，そもそも確率が定義できるのは同様な硬貨がたくさんある場合で，「今ここにある私の1枚の硬貨が $0.49 \leq \theta \leq 0.51$ である確率」は定義されない．これは，1個しかない火星に生物がいる確率が定義されない

のと同様である。

このように，「確率は相対頻度の極限なので，火星に生物がいる確率などは定義されない」と考える伝統的な人を**頻度論者**または**頻度主義者**（frequentist）と呼ぶ。一方，確率を「確信の度合い」という広い意味でとらえ，火星に生物がいる確率を考えてもいいじゃないかという立場の人を**ベイジアン**（Bayesian，ベイズ主義者）と呼ぶ。ベイズ（Thomas Bayes, 1701?–1761）は人名である。ベイズ流の統計学については多数の良書がある（例えばGelman [21]）。

- ニュートリノ（neutrino）という素粒子の基礎研究で小柴昌俊が2002年にノーベル物理学賞を受賞した。そして，2015年のノーベル物理学賞は，ニュートリノに質量があることを実験的に示した梶田隆章たちに与えられた。ニュートリノは，素粒子の標準模型（標準理論）の枠内では質量を持たないが，梶田たちの実験は，ニュートリノに質量がなければ観測されないはずの「ニュートリノ振動」という現象を観測した [22]。このあたりの話をうんと単純化して，次の4分割で考えよう。

	ニュートリノ振動なし	ニュートリノ振動あり
H_0: 質量なし	$1-p$	p
H_1: 質量あり	$1-q$	q

ここで「質量なし」の仮説 H_0 が帰無仮説であり，p 値は「ニュートリノに質量がなかった場合にニュートリノ振動が観測される確率」で，非常に小さい値である。ただ，p が非常に小さいというだけでは不十分で，対立仮説として何らかの「質量あり」モデル H_1 を仮定すれば，そのようなニュートリノ振動が観測される確率 q が十分大きいことも必要である。いずれにしても，頻度論の立場では p や q を出すところまでしかできない。ベイジアンの立場では，さらに（ニュートリノ振動の有無にかかわらず）H_0 が成り立つ確率 P_0，H_1 が成り立つ確率 P_1 を導入する（**事前確率**，prior probability，略して prior（プライア））。つまり，上の4分割の表は，次のようになる：

	ニュートリノ振動なし	ニュートリノ振動あり
H_0: 質量なし	$P_0(1-p)$	$P_0 p$
H_1: 質量あり	$P_1(1-q)$	$P_1 q$

ここで，ニュートリノ振動が観測されたとしよう。すると，可能性は右端の $P_0 p$ と $P_1 q$ だけになるので，事前に $P_0 : P_1$ だった H_0 と H_1 の確率の比は $P_0 p : P_1 q$ に変化する（事後確率）。つまり，この H_0, H_1 二択の世界では，H_1 の事後確率は $P_1 q / (P_0 p + P_1 q)$ である（ベイズ（Bayes）の定理）。事前確率をどう仮定するかが問題であるが，何も知識がないという意味で $P_0 = P_1 = 0.5$ と仮定すると，$p : q$ だけ考えればよく，$p < q$ なら質量ありモデル H_1 のほうが尤もらしいという最尤推定（後述）に帰着する。

p 値は，標本の大きさ（調べた個数）に依存する。例えば硬貨を10回投げて表が2回出た場合 $p = 0.11$ であるが，硬貨を100回投げて表が20回出た場合，`binom.test(20, 100, 0.5)` で調べてみれば，p-value = 1.116e-09 つまり $p = 1.116 \times 10^{-9}$ という非常に小さい値になる。つまり，硬貨投げの回数が増えるほど，検定の「感度」が高くなり，有意な p 値が得られやすくなる。

p 値が（有意水準より）小さくならなかったとき「帰無仮説を採択（accept）

する」ということがあるが，これは誤解しやすい言葉である。「帰無仮説を棄却できない」あるいは「わからない」というほうが誤解がない。差がなかったのではなく，検定の「感度」が悪くて差が見つけられなかっただけである。

- $p < 0.05$ の誤解（例えば「確率95％以上で正しい」）は根深い。誤解する人が悪いのではなく，誤解されるような p 値が悪いという主張まで出る始末である。統計的仮説検定全般への不信感から，*Basic and Applied Social Psychology* 誌は p 値も信頼区間も禁止してしまった [23, 24]。ASA（American Statistical Association，アメリカ統計学会）は "The ASA's statement on *p*-values: context, process, and purpose" という p 値について批判的な声明を出した [25]。これらの批判を読んでも，p 値についての新たな欠陥が指摘されているわけではなく，最初からわかっていたことしか書かれていない。

3.4 多重検定

まったく無意味な乱数のデータでも，20回検定すれば，（期待値の意味で）1回は5％水準で有意になる。こういう状況は**多重検定**（multiple testing）または**多重比較**（multiple comparisons）と呼ばれ，注意が必要である。

- 20個も変数を集めなくても，たった7個で，$_7C_2 = 21$ 通りの比較ができる。そのうち平均して1通り以上は（5％水準で）有意になる。

- 143ページの図10.1のようなデータで，バックグラウンドの一部分に信号らしきものが見えることがあるが，信号らしきものが見えない部分（こちらのほうがたくさんある）も見ているので，これも多重検定と考えられる。物理学では，こういった状況を Look-Elsewhere Effect（LEE）と呼ぶ。

多重検定と関連して，有意な結果を求めてひたすらいろいろな検定を繰り返すことを p **ハッキング**（*p*-hacking）ということがある。有意にならなかった結果を伏せて，有意になった結果だけ報告するのは，インチキである。

有意にならなかったので，被験者を少しずつ増やして，そのたびに検定し，有意になったら止めるというのも，同様である。

例えば20通りの検定を行うならば，有意な結果が20倍出やすいのだから，$p < 0.05$ で判断するところを $p < 0.05/20 = 0.0025$ で判断すればよい。あるいは同じことであるが，p 値を20倍して考えればよい。これを**ボンフェローニ補正**（Bonferroni correction）という。

ほかにもさまざまな補正法がある [26, 27]。R には6通りの補正法を計算する p.adjust() という関数がある。詳しくはヘルプを参照されたい。

- すでに述べたように，帰無仮説のもとで $p < \alpha$ となる確率は α 以下である（連続分布ならちょうど α にできる）。つまり，一つの検定で $p < \alpha$ となる回数 X_1（$= 0, 1$）の期待値は $E(X_1) \leq \alpha$ である。検定が n 個あれば，

それぞれの検定が独立かどうかにかかわらず，$E(X_1 + X_2 + \cdots + X_n) = E(X_1) + E(X_2) + \cdots + E(X_n) \leq n\alpha$ であり，α を $1/n$ 倍しておけば1個の場合と比べられる結果になる。

✎ Bonferroni の方法を適用する際に，n 通りの検定で一番小さい p 値が $< \alpha/n$ で棄却されたならば，その時点で帰無仮説を棄却しない可能性のある検定は $n-1$ 通りに減っている。したがって，残り $n-1$ 個の p 値の一番小さいものは $< \alpha/(n-1)$ で棄却してよい。もしこれも棄却されたなら，残り $n-2$ 個の p 値の一番小さいものは $< \alpha/(n-2)$ で棄却してよい。以下同様である。この考え方を Holm 法または Holm–Bonferroni 法という。

✎ 検定をして $p = 0.03$ となった。5%水準で有意だ。でも魔が差してもう一つ検定してしまう。そちらも $p = 0.03$ だった。どちらか一方でやめておけば有意なのに，両方やってしまったら，Bonferroni でも Holm でも，両方とも有意でなくなってしまった。二つの検定が独立ならば，両方とも 0.03 以下になる確率は 0.0009 であり，非常に珍しいことが起こっているはずなのに，何か変である。こんなときは（両検定が独立ならば）Hochberg 法を使えば両方有意になる。これは Holm 法とは逆に p 値の大きい順に調べて，m 番目に小さい p 値が $< \alpha/(n-m+1)$ であればそれ以下の p 値をすべて有意とする。

✎ 連続分布の場合，p 値は区間 $[0,1]$ で一様分布するので，独立な n 個の p 値のうち最小のもの p_1 の分布は，残りの $n-1$ 個のものが区間 $[p_1, 1]$ に入る確率 $(1-p_1)^{n-1}$ に比例する。一般に n 個の p 値の小さい方から m 番目のもの p_m の分布は，密度関数が $p_m^{m-1}(1-p_m)^{n-m}$ に比例する**ベータ分布** Beta$(m, n-m+1)$ である。R にはベータ分布の密度関数 dbeta$(x, m, n-m+1)$，分布関数 pbeta$(x, m, n-m+1)$ などの関数がある。例えば10回検定して最小の p 値が $p < 0.05$ になる確率は pbeta(0.05, 1, 10) で 0.40 ほどになる。このことは次のシミュレーションでも確認できる：

```
> x = replicate(1000000, min(runif(10)))
> mean(x < 0.05)
[1] 0.401067
```

この replicate() は繰り返し計算して結果をベクトルで返す関数で，この場合は 10 個の一様乱数の最小値を百万回計算して，百万要素のベクトルを返す。mean(x < 0.05) は真か偽かのベクトルに対して真の割合を求めている。数値の文脈では真 TRUE は 1，偽 FALSE は 0 として扱われることを利用したテクニックである。次の例で理解できるであろう。

```
> 1:5 < 3         # 1から5までの整数が3より小さいか
[1]  TRUE  TRUE FALSE FALSE FALSE
> sum(1:5 < 3)    # TRUE=1, FALSE=0として合計
[1] 2
> mean(1:5 < 3)   # TRUE=1, FALSE=0として平均
[1] 0.4
```

このように，多重検定の問題点の理解は重要であるが，それを補正する方法はいろいろあり，たいへんわかりにくい。むしろ p 値は補正をしない値を提示し，解釈は読者に委ねるのも手であろう。

一方で，隠れた p ハッキングを防ぐには，臨床試験（臨床研究）のように，主要アウトカム評価項目（要するに何を調べるのか）をはじめとする研究計画

を事前に登録する制度を設ければよい。例えばある薬が血圧を下げるかどうかを調べる研究では，やってみてたまたま主要アウトカム以外の項目（例えば肥満）が改善されたことがわかったとしても，そちらの方は参考として捉えるにとどめる。登録制度は 109 ページで述べる出版バイアスを減らすためにも有効である（というか，そちらのほうが主な目的である）。

- 1000 種類の薬の候補のうち 10 種類にしか効果がないとしよう。効果があるかないかを有意水準 $\alpha = 0.05$ で調べ，効果があった場合に「効果あり」と判定できる確率（後述の**検出力**）は 0.8 であるとしよう。すると，1000 種類調べて，実際には効果がない 990 種類の薬のうち $990 \times 0.05 \approx 50$ 種類は，間違って「効果がある」とされてしまう。また，実際に効果がある 10 種類の薬のうち $10 \times 0.8 = 8$ 種類が「効果がある」とされる。合わせて 58 種類の「効果がある」とされた薬のうち，実際に効果があるのは 8 種類だけで，残り 50 種類は効果がない。つまり正しいのは 8/58 で 14％ に過ぎない。5％ 水準の検定に通れば「確率 95％ で正しい」は誤解であることの証拠の一つで，「基本比率の誤謬」（base rate fallacy）と呼ばれることがあるが，一種の多重検定である。有意水準を $\alpha = 0.0005$ にすれば，「効果がある」とされた薬の 94％ は実際に効果があることになる。ただしこれでは厳しすぎて，検出力が下がってしまい，実際に効果がある薬を見落としやすい。最初の検査はスクリーニングと考え，確認のための再検査をするのがよいであろう。38 ページのフィッシャーの引用（非常に小さい p 値より再現性が大切）も参照されたい。

- $p < 0.05$ で有意なはずの実験結果も大半は再現できないと言われている。これも上の「誤謬」と同様の問題であるが，こちらのほうは出版バイアス（109 ページ）として論じられることが多い。

3.5　信頼区間

　ここまでは，特定の帰無仮説（硬貨がフェアであること，つまり $\theta = 0.5$）が実験結果と整合するかどうかを調べた。ところが，実際の硬貨は多少なりとも歪んでおり，表の出る確率がぴったり $\theta = 0.5$ になることはありえない。

　そこで，「硬貨を 10 回投げて表が 4 回出た」のような実験結果を固定し，仮説のほうをいろいろ変えて，どの範囲の仮説であれば実験結果と整合するかを考えてみよう。具体的には，2 項分布のパラメータ θ（硬貨を投げて表の出る確率）をいろいろ変えて，p 値の変化を調べる。

　例えば $\theta = 0.6$ であれば `binom.test(4, 10, 0.6)$p.value` で $p = 0.2126$ だとわかる。この 0.6 をいろいろ変えて p 値の変化を調べたいのだが，ちょっとトリックが必要である：

```
> x = (0:100) / 100    # xを0から1まで0.01刻みに増やして
> y = sapply(x, function(t) binom.test(4, 10, t)$p.value) # p値を求める
> plot(x, y, pch=16)   # 横軸x，縦軸p値でプロット
```

3.5 信頼区間

この結果は図 3.2 の黒丸（pch=16）である（この図に描いてあるほかの点や線はとりあえず無視されたい）。

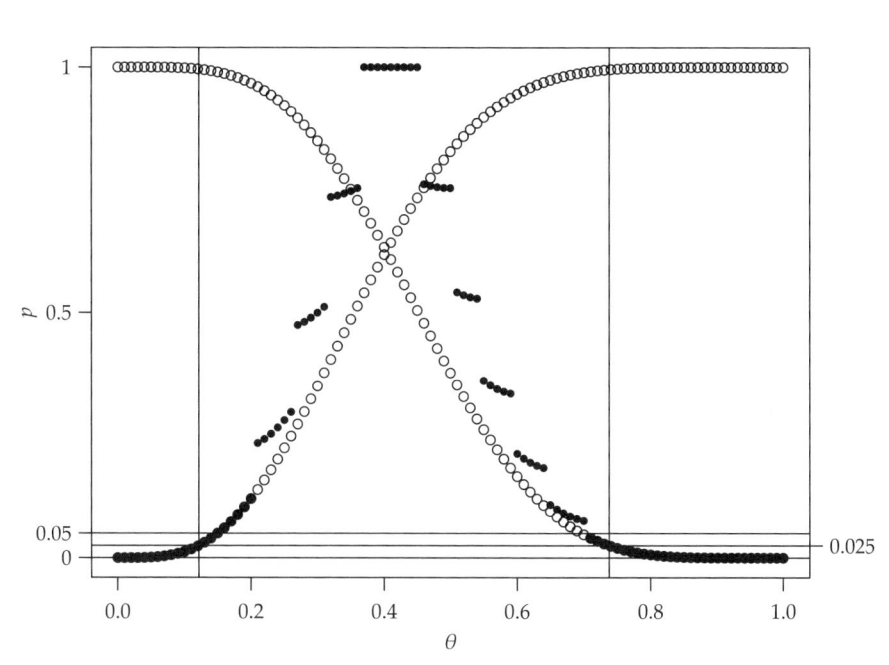

図 3.2 「10 回投げて表が 4 回」の 2 項分布の p 値関数

このように，モデルのパラメータ θ をいろいろ変えて p 値の変化を調べたものを，**p 値関数**（p-value function）という（例えば [28] の 158 ページ以降参照）。この場合，p 値関数は不連続である。

この p 値関数のグラフから $p \geq 0.05$ になる範囲を求めてみると，$0.1500 \leq \theta \leq 0.7091$ となる。

> $p - 0.05$ が 0 になる点は uniroot() で求められる：
>
> ```
> > uniroot(function(t)binom.test(4,10,t)$p.value-0.05, c(0.1,0.2))
> > uniroot(function(t)binom.test(4,10,t)$p.value-0.05, c(0.6,0.8))
> ```
>
> uniroot() の最初の引数は 0 にすべき関数，2 番目の引数はその関数が 0 になる点を探す範囲である。探す範囲はグラフからだいたいの見当を付けて指定する。

したがって，θ が $0.1500 \leq \theta \leq 0.7091$ の範囲の 2 項分布 Binom$(10,\theta)$ は，「表が 4 回出る」という事象と 5 ％ 水準で整合する。つまり，この範囲の θ であれば，表が 4 回出てもおかしくない。この範囲 $0.1500 \leq \theta \leq 0.7091$ を θ の 95 ％ **信頼区間**（95 ％ confidence interval，95 ％ CI）という。

p 値と同様，信頼区間も何桁も求める必要はない。この場合 $0.15 \leq \theta \leq 0.71$ で十分である。信頼区間は $[0.15, 0.71]$ または $(0.15, 0.71)$ のような表し方をすることが多い。

実際には，このやりかた（Sterne [29] の方法）で信頼区間を求めることは少ない。2 項分布のような離散分布では，p 値関数が不連続のためである（例えば

Vos and Hudson [30] 参照）。実際, `binom.test(4, 10, 0.7091)` では $p = 0.07313$ であるが，`binom.test(4, 10, 0.7092)` では $p = 0.04092$ に飛ぶ。

不連続でなくするには，片側 p 値を使えばよい。実際，R などの統計ソフトで標準で求められる 95％信頼区間は，両側 p 値が 0.05 以上になる範囲ではなく，片側 p 値が 0.025 以上になる範囲である。

さきほどの図 3.2 の白丸の点は，下側 p 値と上側 p 値の p 値関数である。これらはご覧のように連続である。

✎ 下側 p 値関数を描くには次のようにする：

```
> x = (0:100) / 100
> y = sapply(x, function(t)binom.test(r,10,t,alternative="less")$p.value)
> points(x, y)
```

上側 p 値関数は `"less"` を `"greater"` にすれば描ける。

上側 p 値が 0.025 になる点は $\theta = 0.1216$，下側 p 値が 0.025 になる点は $\theta = 0.7376$ であるので，この方法による 95％信頼区間は $0.1216 \leq \theta \leq 0.7376$ である。

実際，`binom.test(4, 10)` と R に打ち込むと，

```
        Exact binomial test

data:  4 and 10
number of successes = 4, number of trials = 10, p-value = 0.7539
alternative hypothesis: true probability of success is not equal to 0.5
95 percent confidence interval:
 0.1215523 0.7376219
sample estimates:
probability of success
                   0.4
```

のように出力されるが，ここに 95％信頼区間（95 percent confidence interval）として示されている値がこれである。これが古典的な Clopper and Pearson の方法である（[31]，Kendall の教科書 [32, pp. 122–]）。

一方で，最初に求めた両側 p 値が 0.05 以上になる範囲で定義する（Sterne [29] の）95％信頼区間は，**exactci** パッケージを使って求めることができる。このパッケージでは，両側 p 値に基づく方法を `minlike`（minimum likelihood method，最小尤度法）と呼ぶ：

```
> library(exactci)
> binom.exact(4, 10, tsmethod="minlike")

        Exact two-sided binomial test (sum of minimum likelihood method)

data:  4 and 10
number of successes = 4, number of trials = 10, p-value = 0.7539
alternative hypothesis: true probability of success is not equal to 0.5
95 percent confidence interval:
 0.1500 0.7091
```

```
sample estimates:
probability of success
                  0.4
```

硬貨を10回投げて表が4回出た場合，古典的な95％信頼区間は $[0.12, 0.74]$ であったが，両側 p 値に基づく方法では $[0.15, 0.71]$ に狭まった．ただ，硬貨を100回投げて表が40回出た場合は，$[0.3033, 0.5028]$ が $[0.3055, 0.5000]$ に狭まる程度であり，ほとんど変わらない．

✎ **exactci** パッケージの `binom.exact()` 関数は三つの方法が選べる：
- `tsmethod="central"`：Clopper and Pearson の方法 [31]
- `tsmethod="minlike"`：Sterne の方法 [29]
- `tsmethod="blaker"`：Blaker の方法 [33]

詳細はマニュアルを参照されたい．それぞれ信頼区間だけでなく，信頼区間と同じ方法で求めた p 値も出力する．`minlike` の p 値は一般的な方法だが，デフォルトの `central` の p 値は片側 p 値を2倍した値である．

✎ 通常の p 値と通常の95％信頼区間を使う際に生じる問題点の例：

```
> binom.test(2, 15, 0.4)
```

は $p = 0.036$ となり，$\theta = 0.4$ は5％水準で棄却されるはずなのに，95％信頼区間は $[0.0166, 0.4046]$ で，これは $\theta = 0.4$ を含む．

$p = 0.05$ が「帰無仮説が正しい確率」とは無関係であることと同様に，θ の95％信頼区間が例えば $[0.3, 0.4]$ であることは，「θ が $0.3 \leq \theta \leq 0.4$ を満たす確率は95％である」という意味ではまったくない．

✎ 表の出る確率 θ（これは定数）の硬貨を10回投げると，表の出る回数 X は毎回変わる．つまり X は確率変数である．したがって，`binom.test(X, 10)` で求めた95％信頼区間も確率変数である．その（毎回変わる）信頼区間内に（定数の）θ が入る確率をシミュレーションで求めるには，次のようにすればよい：

```
f = function(theta) {
  x = rbinom(100000, 10, theta)
  r = sapply(x, function(u){binom.test(u,10)$conf.int})
  mean(r[1,] <= theta & theta <= r[2,])
}
```

同じことをより効率的に計算するには，次のようにする：

```
CI = sapply(0:10, function(x) binom.test(x,10)$conf.int)
f = function(theta) {
  p = dbinom(0:10, 10, theta)
  sum(p * (CI[1,] <= theta & theta <= CI[2,]))
}
```

いろいろな θ に対して $f(\theta)$ をプロットすれば，図3.3のようになり，0.95を下回らないことがわかる．連続分布なら同様のことをすればぴったり0.95になるが，2項分布は離散分布なので，ぴったり0.95にはならないのである．硬貨の枚数を増やせばもっと0.95近くまで降りてくるが，ギザギザはなくならない（図3.4）．

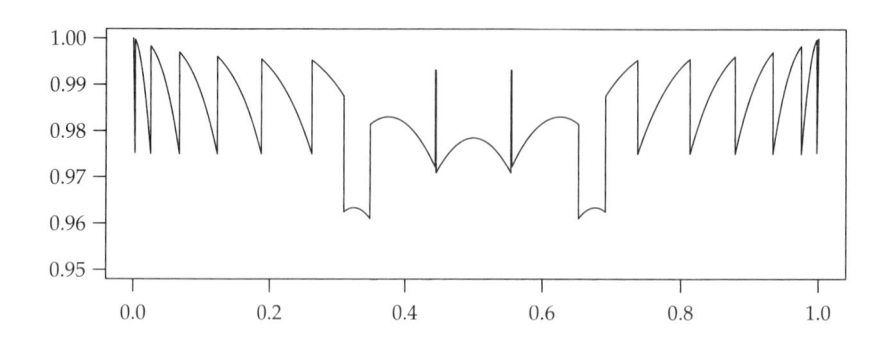

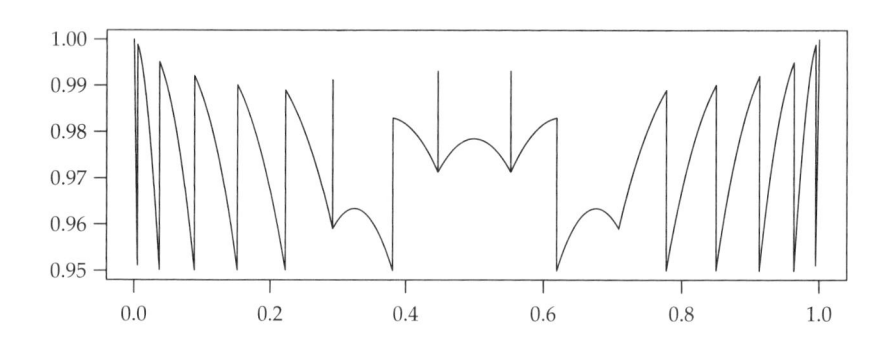

図 3.3　2 項分布 Binom(10, θ) の 95％信頼区間が真の値 θ（横軸）を含む確率（縦軸）。上は古典的な信頼区間，下は両側 p 値に基づく信頼区間。

ベイジアンの立場では，表の出る確率 θ は確率変数であり，n 回中 r 回の表を観測した後の分布（事後分布）は，事前分布に 2 項分布の式 $_nC_r\theta^r(1-\theta)^{n-r}$ を掛けたものに比例する。事前分布を $0 \leq \theta \leq 1$ で一様とすれば，事後分布は密度関数が $\theta^r(1-\theta)^{n-r}$ に比例するベータ分布 $\mathrm{Beta}(r+1, n-r+1)$ である。95％信頼区間にあたるものとしては，このベータ分布の左右の 2.5％を除いた区間，または確率密度の最も大きい 95％区間（highest density interval, HDI）がよく使われる。このいずれかの区間に θ が含まれることが，「5％水準で有意」に相当すると考えられる。

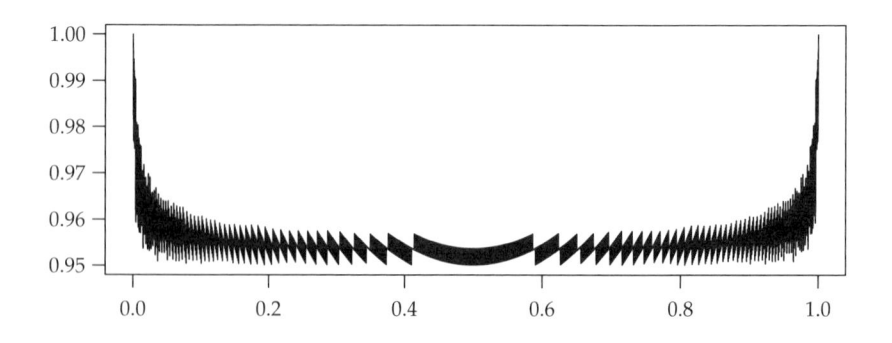

図 3.4　2 項分布 Binom(1000, θ) の 95％信頼区間が真の値 θ（横軸）を含む確率（縦軸）

3.6 2項分布から正規分布へ

表が出る確率が θ の硬貨を1回だけ投げて表の出る枚数 X（0か1）を数えれば，結果は確率 θ で $X = 1$ になり，確率 $1 - \theta$ で $X = 0$ になる．このような分布を**ベルヌーイ分布**（Bernoulli distribution）という．

ベルヌーイ分布の期待値（平均）は θ になる：

$$E(X) = \theta \times 1 + (1 - \theta) \times 0 = \theta$$

同様に，分散は

$$V(X) = \theta(1 - \theta)^2 + (1 - \theta)(0 - \theta)^2 = \theta(1 - \theta)$$

である．

一般の2項分布は，ベルヌーイ分布に従う独立な n 個の確率変数の和の分布である．したがって，その平均・分散はベルヌーイ分布のそれらを n 倍すればよい．つまり，平均 $n\theta$，分散 $n\theta(1-\theta)$ になる．

例えばフェアな硬貨を10回投げた場合（Binom(10, 0.5)），表の回数の平均は $10 \times 0.5 = 5$，分散は $10 \times 0.5 \times (1 - 0.5) = 2.5$，したがって標準偏差は $\sqrt{2.5}$ になる．

この2項分布のヒストグラムに，これと同じ平均と分散を持つ正規分布 $\mathcal{N}(5, 2.5)$ の確率密度関数（26ページの式 (2.7)）を重ね書きすると，図 3.5 の左のようになり，これらはよく似ている．

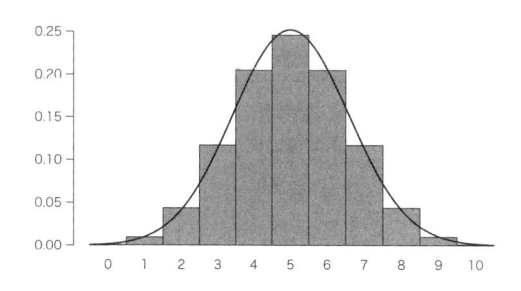

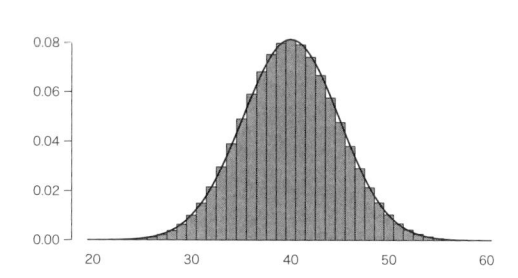

図 3.5 2項分布は正規分布で近似できる

同様に，Binom(100, 0.4) の平均は $100 \times 0.4 = 40$，分散は $100 \times 0.4 \times (1 - 0.4) = 24$ である．このヒストグラムに，平均・分散の等しい正規分布 $\mathcal{N}(40, 24)$ の確率密度関数を重ね書きすると，図 3.5 の右のようになり，とてもよく似ている．

これらのグラフからわかるように，n がある程度大きい2項分布は，正規分布で近似できる：

$$\mathrm{Binom}(n,\theta) \xrightarrow[n\to\infty]{} \mathcal{N}(n\theta, n\theta(1-\theta))$$

ベルヌーイ分布を足し合わせた 2 項分布に限らず，どんな分布（ただし有限な平均と分散を持つ）の確率変数でも，独立な n 個の和の分布は，$n \to \infty$ で正規分布に近づく．これが第 2 章でも触れた**中心極限定理**である．

3.7 検定の例：PISA の「盗難事件」問題

国際学力調査 PISA の問題例に，図 3.6 のような「盗難事件に関する問題（PISA2000 年調査及び 2003 年調査問題）」がある．

ある TV レポーターがこのグラフを示して，「1999 年は 1998 年に比べて、盗難事件が激増しています」と言いました。

このレポーターの発言は、このグラフの説明として適切ですか。適切である、または適切でない理由を説明してください。

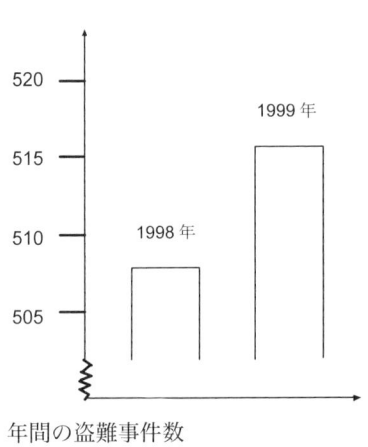

図 3.6　PISA「盗難事件に関する問題」

これは省略棒グラフを使って違いを不適切に強調したものである．グラフから数値を読み取ると 508, 516 である（合計すると 1024 で，計算しやすいようにしてあるようだ）．この違いは統計的に有意であろうか．

盗難事件が 1998 年に起きる確率も 1999 年に起きる確率も等しいという帰無仮説を立てて，R で検定してみよう．

```
> binom.test(508, 508+516, 0.5)

        Exact binomial test

data:  508 and 508 + 516
number of successes = 508, number of trials = 1024, p-value = 0.8269
alternative hypothesis: true probability of success is not equal to 0.5
95 percent confidence interval:
 0.4650308 0.5271792
sample estimates:
probability of success
             0.4960938
```

$p = 0.8269$ では，違いがあるとはとてもいえない．

わざわざ2項検定しなくても，2項分布 Binom(n,θ) の分散が $n\theta(1-\theta)$ であることを使えば，$\theta=0.5$ という帰無仮説のもとに分散は $n/4 = 1024/4 = 256$，標準偏差は 16 である。1024 の半分の 512 からの外れ 4 は，0.25σ でしかない。計算するまでもないが，

```
> pnorm(-0.25)*2
[1] 0.8025873
```

で，さきほどとほぼ同じ結果になる。

3.8　信頼区間の例

　新聞社などの行う世論調査は，今では機械でランダムに電話をかける RDD という方式がよく使われる。回答数は 1000〜2000 人程度である。

> RDD は，固定電話にコンピュータでランダムに電話をかけ，つながったら，その世帯の有権者の数を聞き，さらに乱数でその中から年齢が何番目の人かを選び，その人に答えてもらう。その人が不在なら，かけ直す。さらに年齢・性別などの調整をする。固定電話のない世帯の意見は聞けないが，面接式の調査と比較して大きな偏りが出ないことが確認されている。最近は携帯電話も対象に含めることが増えた。

例えば 1000 人のうち 200 人が現内閣を支持すると答えたとすると，

```
> binom.test(200, 1000)

        Exact binomial test

data:  200 and 1000
number of successes = 200, number of trials = 1000, p-value < 2.2e-16
alternative hypothesis: true probability of success is not equal to 0.5
95 percent confidence interval:
 0.1756206 0.2261594
sample estimates:
probability of success
                   0.2
```

のようにして，内閣支持率 0.2 の 95％ 信頼区間が $[0.176, 0.226]$ であることが求められる。ここで p-value < 2.2e-16 と出るのは，binom.test() の第 3 引数を省略したので $\theta = 0.5$ についての p 値を求めてしまったためである。2.2e-16 は 2.2×10^{-16} の意味で，要するに「ほぼ 0」ということであるが，ここでは無意味であるので無視する。

　さきほど述べたように，標本サイズ n が大きいので，2項分布は正規分布で近似できる。2項分布 Binom(n,θ) の分散が $n\theta(1-\theta)$ であることを使えば，観測された割合を r/n とすると，θ の 95％ 信頼区間はほぼ $r/n \pm 1.96 \times$

$\sqrt{(r/n)(1-r/n)/n}$ となる．1000人のうち200人がYesと答えた場合には，この近似では $\theta = 0.20 \pm 0.025$ となり，さきほど求めた信頼区間とほぼ一致する．

要は，「20％」と言っても，実際は18％か22％かもしれず，1％や2％の違いに意味はないというのが結論である．

3.9　尤度と最尤法

硬貨を10回投げてXが回表が出る問題で，Xの分布は2項分布 Binom(10,θ) である．さて，10回投げて4回表が出たとしよう．1回投げて表の出る確率 θ の信頼区間は [0.12, 0.74]（あるいは Sterne の方法で [0.15, 0.71]）であることがわかった．では，この範囲内で最も確からしい（尤もらしい）値は何であろうか？

2項分布 Binom(10,θ) に従う確率変数 X の確率分布は

$$_{10}C_X \theta^X (1-\theta)^{10-X}$$

であったが，表が $X=4$ 枚出たとわかった時点でこれは

$$L(\theta) = {}_{10}C_4 \theta^4 (1-\theta)^6$$

という θ の関数になる．これを θ の**尤度**（likelihood）という．

> 尤度を犬度と書かぬよう注意されたい．

ここでは，最も尤もらしい θ の値は，この尤度を最大にする θ であると定める．この方法を**最尤法**と呼ぶ．

尤度の対数をとったものを対数尤度という．

$$\log L(\theta) = \log({}_{10}C_4) + 4\log\theta + 6\log(1-\theta)$$

この最大値での θ は，対数尤度を θ で微分したものを0と置けば求められる．

$$\frac{d}{d\theta}\log L(\theta) = \frac{4}{\theta} - \frac{6}{1-\theta} = 0$$

したがって $\theta = 0.4$ が最も尤もらしい．これは10枚中4枚が表だから常識的に $4/10 = 0.4$ と出した答えと同じである．

図3.7は，対数尤度 $\log L(\theta)$ を，その最大値 $\log L(0.4)$ を基準にしてプロットしたものである．

```
logL = function(t) { 4*log(t) + 6*log(1-t) }
curve(logL(x) - logL(0.4), xlim=c(0,1))
```

この最大値から0.5だけ下がった点は単一根を求める `uniroot()` を使って

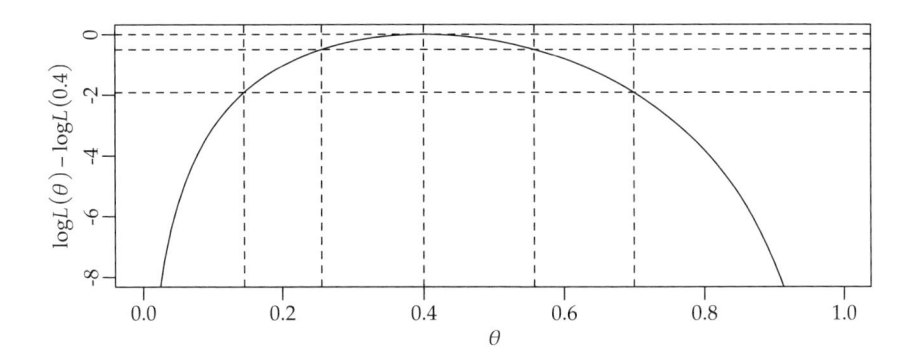

図 3.7 「10 回投げて表が 4 回」の 2 項分布の対数尤度

```
uniroot(function(x) logL(x) - logL(0.4) + 0.5, c(0,0.4))
```

などで求められ，0.2553 と 0.5577 である。この範囲がほぼ 68％信頼区間（正規分布の $\pm 1\sigma$ に相当する区間）である。また，0.5×1.96^2 だけ下がった点で定まる $[0.1456, 0.7]$ がほぼ 95％信頼区間（正規分布の $\pm 1.96\sigma$ に相当する区間）である。これは $\theta_0 = 0.4$ を中心とする正規分布 $\sim \exp(-(\theta - \theta_0)^2/2\sigma^2)$ との対応から導かれる便法である。

3.10 止め方で結果が変わる？

次の二つの問題を比べてみよう。どちらも 10 回中 2 回 表(おもて) が出たが，止め方が違う。

1. 硬貨を 10 回投げたところ表が 2 回出た。この硬貨は偏っているか。
2. 硬貨を表が 2 回出るまで投げようと決心して投げ続けたところ，10 回投げたところで 2 回目の表が出たのでそこで止めた。この硬貨は偏っているか。

第 1 の問題については，すでに見たように，表の出る確率が θ の硬貨を n 回投げて表が r 回出る確率が 2 項分布

$$P_r = {}_nC_r \theta^r (1-\theta)^{n-r}$$

に従うことから，$n = 10, \theta = 0.5$ で表が 2 回出た場合の片側 p 値は

$$p = P_0 + P_1 + P_2 = 0.055$$

である：

```
> sum(dbinom(0:2, 10, 0.5))   # 0.0546875
> pbinom(2, 10, 0.5)          # 0.0546875
```

binom.test(2, 10, 0.5) で出る両側 p 値はこれの 2 倍の 0.1094 である。

一方，第 2 の問題については，表の出る確率が θ の硬貨を $n-1$ 回投げて表が $r-1$ 回出て，最後の n 回目に表が出る確率であるから，確率分布は

$$Q_n = {}_{n-1}C_{r-1}\theta^{r-1}(1-\theta)^{n-r} \times \theta = {}_{n-1}C_{r-1}\theta^r(1-\theta)^{n-r}$$

となる。$r=2, \theta=0.5$ のとき，$n=10$ までを計算すれば，

```
> q = choose(0:9, 1) * 0.5^(1:10)
```

で，$Q_1 = 0, Q_2 = 0.25, Q_3 = 0.25, Q_4 = 0.1875, \ldots, Q_{10} \approx 0.00879$ と続く。片側 p 値は，10 回またはそれ以上投げないと表が 2 回出ない確率

$$p = \sum_{n=10}^{\infty} Q_n = 1 - (Q_2 + Q_3 + \cdots + Q_9) = 0.020$$

である：

```
> 1 - sum(q[2:9])   # 0.01953125
```

両側 p 値は，$Q_n \leq Q_{10}$ を満たすすべての Q_n の和であるが，このときは片側 p 値と等しい。

✎ このような分布を**負の 2 項分布**（negative binomial distribution）と呼ぶ。R には負の 2 項分布の確率分布を求める dnbinom() やその累積 pnbinom() 等の関数もある：

$$\mathtt{dnbinom}(n-r,\,r,\,\theta) = {}_{n-1}C_{r-1}\theta^r(1-\theta)^{n-r}$$

である。

```
> 1 - sum(dnbinom(2:9 - 2, 2, 0.5))  # 0.01953125
> 1 - pnbinom(9 - 2, 2, 0.5)         # 0.01953125
```

両側でも片側でも，5% 水準では，$\theta = 0.5$ という帰無仮説を第 1 の問題では棄却できず，第 2 の問題では棄却されることになる。

一方で，どちらの問題も，尤度（つまりパラメータ θ への依存性）は $\theta^r(1-\theta)^{n-r}$ に比例し，$n=10, r=2$ のときの最尤推定値は $\theta = 0.2$ である。

尤度が同じなら推定の結果も同じにならなければならないという主張を**尤度原理**（likelihood principle）という。ベイズ統計学は，尤度と事前確率だけですべてが決まるので，尤度原理を満たす。一方で，統計的仮説検定は，この止め方の問題のように，必ずしも尤度原理を満たさない。

✎ 実際には，離散性が気にならないほど n が大きければ，この違いは気にしなくてよい。例えば 10 個中 2 個ではなく 100 個中 20 個であれば，95% 信頼区間はそれぞれ $[0.13, 0.29]$ と $[0.12, 0.28]$ となり，ほとんど違わない。

Chapter 4

事件の起こる確率

4.1 富の分布

神様が100人に500枚の金貨を投げ与えた。全員がちょうど5枚ずつ金貨を手にすれば貧富の差がないが，現実には，たまたま多くの金貨を手にする人もいれば，そうでない人もいる。どのような分布になるだろうか？

1人の人に着目する。神様が金貨を1枚投げたとき，この人が金貨を手にする確率は0.01である。これが500回繰り返されたとすると，この人がk個の金貨を手にする確率は

$$p_k = {}_{500}C_k 0.01^k (1-0.01)^{500-k}$$

という2項分布になる。

これくらいなら簡単だが，人数mが100よりずっと多かったらどうするか。神様は1人あたり平均5個の金貨を与えたいので，$5m$個の金貨を用意しなければならない。$m \to \infty$の極限を考えれば，下の✎にあるように，うまい具合にmが消えて，

$$p_k = \frac{5^k e^{-5}}{k!}$$

となる。これは1人あたり平均5枚の金貨を得る場合だが，1人あたりλ個の場合は

$$p_k = \frac{\lambda^k e^{-\lambda}}{k!}$$

となる。ここで$e = 2.718\cdots$は自然対数の底である。この形の分布を**ポアソン分布**（Poisson distribution）という。ポアソン（Poisson）は人名である。

✎ 一般に，2項分布

$$p_k = \frac{n!}{k!(n-k)!} p^k (1-p)^{n-k}$$

で$np = \lambda$を一定に保って$p \to 0$, $n \to \infty$の極限をとると，

$$p_k = \frac{n(n-1)(n-2)\cdots(n-k+1) \cdot p^k}{k!} \frac{(1-p)^n}{(1-p)^k} = \frac{(np)^k}{k!} ((1-p)^{1/p})^\lambda = \frac{\lambda^k e^{-\lambda}}{k!}$$

となる。

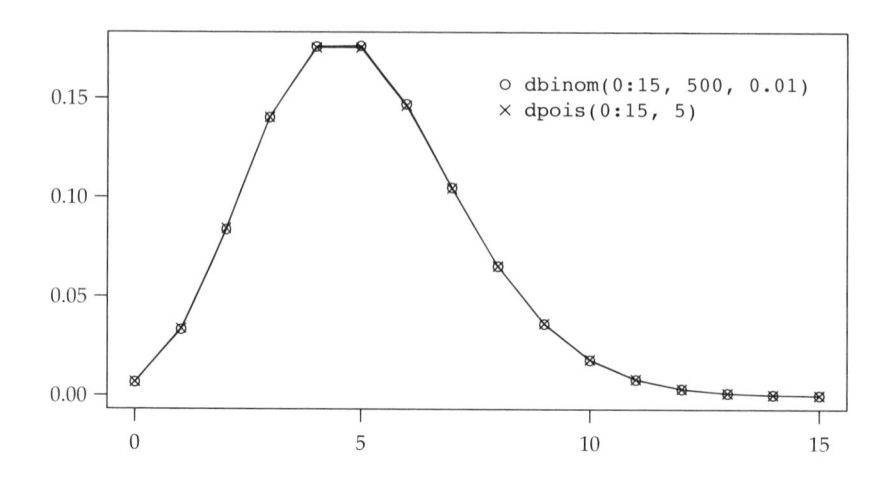

図 4.1　100 人に 500 枚の金貨を投げ与えたときの 1 人あたりの金貨の分布。○は 2 項分布，× はポアソン分布

図 4.1 でわかるように，$p = 0.01$，$n = 500$ 程度で，2 項分布はポアソン分布で十分正確に近似できる。

2 項分布の平均は np，分散は $np(1-p)$ であったが，ポアソン分布は平均が $np = \lambda$，分散が $np(1-p) \to np = \lambda$ と，一つのパラメータしか持たず，平均と分散が等しいという便利な性質を持つ。

R には平均 λ のポアソン分布の

- 確率 dpois(x, λ)
- 分布関数 ppois(q, λ) $= \sum_{x=0}^{q}$dpois(x, λ)
- 分位関数 qpois(p, λ)
- 乱数を n 個発生する rpois(n, λ)

がある。

ところで，この「富の分布」には後日談がある。

神様は平等に $5m$ 枚の金貨を m 人に投げ与えたつもりだったが，平均 5 枚なのはよいとして，分散も 5 になってしまった。貧富の差が出るのをよしとしなかった神様は，次の方法で富の再分配を促すことにした。つまり，人間同士が出会ったら，じゃんけんして，買った人が負けた人から金貨を 1 枚もらうことにする（ただし金貨を持たない人は負けても払う必要はない）。じゃんけんなら能力差がないからだれでも勝つ確率と負ける確率は等しい。これで貧富の差は解消に向かうはずだ。

ところがやってみると，貧富の差はかえって増えてしまった。1 人あたりの平均資産は金貨 5 枚に変わりなく，じゃんけんに能力差がないにもかかわらず，自由な取引をさせると，図 4.2 の右側のような指数分布になり，無一文の人が一番多いという結果になってしまった。神様は持たざる人を救済するために社会保障制度を取り入れる必要に迫られる。

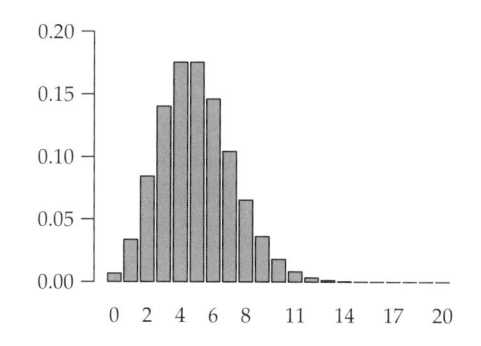

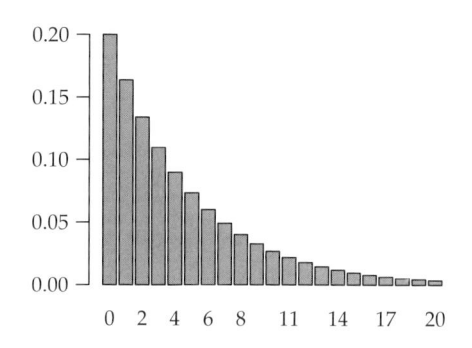

図 4.2　最初はポアソン分布でも，ランダムにお金をやりとりすると，指数分布に近づき，貧富の差は増す．

- 貧富の差のシミュレーションは練習問題として残しておく．

- R には平均 $1/\lambda$ の指数分布の
  - 密度関数 $\mathrm{dexp}(x, \lambda) = \lambda e^{-\lambda x}$
  - 分布関数 $\mathrm{pexp}(q, \lambda) = \int_0^q \mathrm{dexp}(x, \lambda) dx$
  - 分位関数 $\mathrm{qexp}(p, \lambda)$
  - 乱数を n 個発生する $\mathrm{rexp}(n, \lambda)$

  がある．

- 分子の世界では，実際に上のようなことが生じている．例えばわれわれのまわりを飛び交う空気を構成する分子（窒素分子と酸素分子がほぼ 4:1 で混じったもの）は，ときどき互いに衝突して，ランダムにエネルギーを交換する（エネルギーの総量は変わらない）．一つ一つの分子のエネルギーが最初どのような分布をしていたかにかかわらず，しばらく経つとエネルギーの分布は指数分布になる．このことは気体分子についてマクスウェル（Maxwell）が導き，のちにボルツマン（Boltzmann）が一般化した．

- 分子の世界の話をお金の話に焼き直した話は，すでに多くの人が考えたものと思われる．例えば久保亮五の 1952 年の本 [34] にある．大沢文夫 [35] は実際にさいころとチップを使った体験学習を記述している．

4.2　地震の確率

2011 年 3 月 11 日，東日本大震災が日本を襲った．その時点では，東海地震の 30 年確率が 87% であるとされており，東日本での地震はほとんど想定されていなかった．

地震直後，ある有名人が「30 年で大地震の確率は 87%…あえて単純計算すると，この 1 年で起こる確率は 2.9%，この一カ月の確率は 0.2% だ…」と発言し，あちこちから「計算がおかしい」という指摘を受けていた．

毎年の地震の発生が独立で，1 年間に地震が少なくとも 1 回起こる確率 p_1 が一定であると仮定しよう．すると，30 年間地震が起こらない確率は $(1 - p_1)^{30}$

である。これを $1 - 0.87 = 0.13$ と等しいとおけば，$p_1 = 1 - 0.13^{1/30} = 0.066$ つまり約 6.6% である：

```
> 1 - 0.13^(1/30)
[1] 0.0657464
```

「この 1 年で起こる確率は 2.9%」という計算とかなり異なる。

- 単純化して考えた地震のように，毎年（あるいは毎日あるいは毎秒）起こる確率が一定で独立のとき，毎年（あるいは毎日あるいは毎秒）起こる回数はポアソン分布となる。このような事象が次々に起こる様子をポアソン過程という。ポアソン過程で，ある事象が起きてから次の事象が起きるまでの時間を t とすると，n 等分した細かい時間間隔 nt 個で事象が起こらないわけであるから，その確率は $(1-p)^{nt} = ((1-p)^{1/p})^{\lambda t} \to e^{-\lambda t}$ に比例する指数分布になる。t について 0 から ∞ まで積分して 1 になるように比例定数を決めると，密度関数は $\lambda e^{-\lambda t}$ になる。事象間の時間間隔の平均は $1/\lambda$ である。ポアソン過程は，事件，事故，窓口に来る客，放射線のカウントなど，いろいろな事象をモデル化するのに使われる。

- 厳密には地震の発生はポアソン過程ではない。ここでは Brownian Passage Time（BPT）というモデルを紹介する。これは，地震はほぼ周期的に起きるが，周期は平均 μ，分散 $(\alpha\mu)^2$ で変動するというモデルで，発生確率の密度関数は次で与えられる：

$$f(t) = \sqrt{\frac{\mu}{2\pi\alpha^2 t^3}} \exp\left(-\frac{(t-\mu)^2}{2\alpha^2 \mu t}\right)$$

ただし，東海地震については，前回の地震からの時間が平均周期をかなり超えているので，ポアソンモデルで近似しても大きな違いはないであろう。いずれにしても，地震の確率は，ざっくりしたものなので，その意味では元の有名人の「単純計算」でも十分である。

- 東海近辺では 1498 年，1605 年，1707 年，1854 年に地震が起きている：

```
> x = c(1498, 1605, 1707, 1854)
> dx = diff(x)
> mean(dx)              # BPTのμ
[1] 118.6667
> sd(dx) / mean(dx)     # BPTのα
[1] 0.2078462
> 2011 - x[4]           # 最後の地震からの年数
[1] 157
```

ざっくりと $\mu = 120$，$\alpha = 0.2$ として BPT モデルで計算すると，

```
> m = 120
> a = 0.2
> bpt = function(t) { (m/(2*pi*a^2*t^3))^(1/2)*exp(-(t-m)^2/(2*a^2*m*t)) }
> integrate(bpt, 157, 187)
0.06356807 with absolute error < 7.1e-16
> integrate(bpt, 157, Inf)
0.07306916 with absolute error < 9.1e-05
> 0.06356807 / 0.07306916
[1] 0.8699713
```

つまり，最新の地震（1854 年の安政東海地震）から 157 年目の 2011 年から 30

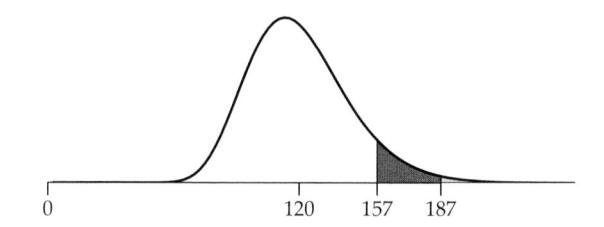

図 4.3 1854 年の安政東海地震から起算して 157 年目（2011 年）から 30 年間（187 年目まで）に東海地震が起こる確率は 87 % である。この 87 % は，157 から 187 までの面積を，157 から ∞ までの面積で割ったものである。

年間に地震の起こる確率は 87 % になる（図 4.3）。最初の 1 年では

```
> integrate(bpt, 157, 158)
0.004361829 with absolute error < 4.8e-17
> 0.004361829 / 0.07306916
[1] 0.05969453
```

で，5.97 % となる。「30 年確率は 87 %」のポアソンモデルで計算した 6.57 % より少し小さい。

🐌 ポアソン分布は「ほとんど起きない事象が起こる確率の分布」と言われることがあるが，これは誤解を生じる表現である。おそらく 2 項分布の $p \to 0$ の極限として導くので「ほとんど起きない」と思ってしまうのかもしれないが，同時に $n \to \infty$ とするので，平均個数 $np = \lambda$ は大きいことも小さいこともある。大地震のように 100 年に 1 回のことも，放射性物質の崩壊のように毎秒何百回・何千回のこともある。

4.3 「ランダムに事象が起きる」という考え方

2011 年の東日本大震災による原子力発電所の事故で，一部で放射線計測ブームが生じた。私もさっそく数千円の「ポケットガイガー」という製品を買って試した。これは実は「ガイガーカウンター」ではなく，半導体（PIN フォトダイオード）センサーである。

図 4.4 は 1200 秒間にポケットガイガー（初期製品）が放射線をカウントした時刻を示したものである。

これは典型的なポアソン過程，つまりランダムに生じる事象の連なりである。試しに，これとほぼ同じものを乱数で作り出してみよう。図 4.5 は単に 0 以上 1200 以下の一様乱数をプロットしただけである。下は 17 個，上は 38 個発生させた。

```
plot(c(0,1200), c(0,3), type="n", axes=FALSE, xlab="", ylab="")
axis(1)
r1 = runif(17) * 1200
```

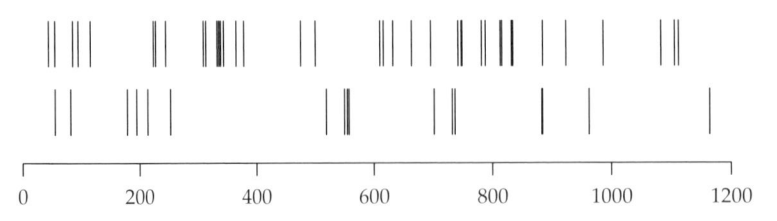

図 4.4　初代ポケットガイガーによる計測結果。横軸が時刻で，計測開始から 1200 秒後までを表す。縦棒の位置が放射線（ガンマ線）を検知した瞬間を示す。下は三重県津市の自宅の机の上にそのまま置いた場合（全部で 17 カウント），上は市販の「やさしお」（カリウムを多く含む塩）の上に置いた場合（全部で 38 カウント）。

```
r2 = runif(38) * 1200
segments(r1, 0.5, r1, 1.5)
segments(r2, 2, r2, 3)
```

このように，ランダムに事象が発生するということは，ショパンの「雨だれ」（図 4.6）のように一定の時間間隔で起きるのではなく，すぐ続いて起きたり，しばらく起きなかったりするのである。窓口に客が訪れる事象や，新聞に載るような事件が起こるという事象もすべてこんなもので，「悪いことは続けて起こる」というマーフィの法則もこれで説明できるかもしれない。

さて，図 4.4 の上と下（やさしおの上に置いたときとそうでないとき，38 個と 17 個）でカウントが違うといえるであろうか。

これは PISA の「盗難事件」問題と同じで，2 項検定 `binom.test(17, 38+17)` をすればよい。p 値は 0.006 ほどであり，（通常の 5% や 1% 水準では）統計的に有意な差がある。

> ただ，放射性物質の「検出」「不検出」は 3σ（両側 $p = 0.0027$）あるいはそれ以上の厳しい水準で判断するのが通例で，そうすればこれは「不検出」（ND = Not Detected）となる。もっとも，仮説検定で述べたように，これを「不検出」というのは間違いで，正しくは「不明」である。より高感度のセンサーで長時間測定すれば，どんなものからも放射性物質が「検出」される（「不検出」にまつわる話は後でも述べる）。ちなみに，やさしおは 8500 Bq/kg 程度の放射能を持つ（1 kg あたり毎秒 8500 回程度の放射性カリウム ^{40}K 原子核の崩壊が起こる）。人間の体は約 100 Bq/kg の程度である。

ランダムな事象について，別の見方をしてみよう。仮に毎分平均 10 回カウントするとして，毎分のカウント数をシミュレーションで描いてみる。全部で

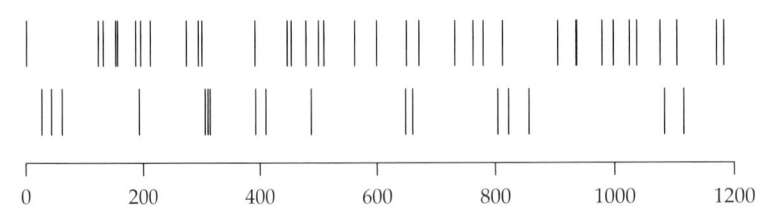

図 4.5　0 以上 1200 以下の一様乱数（上は 38 個，下は 17 個）。

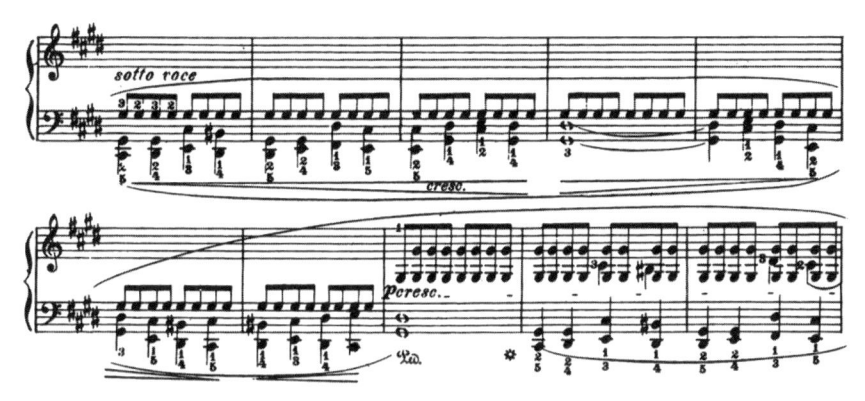

図4.6 ショパン，前奏曲作品 28 の 15「雨だれ」の一部。8 分音符が単調に並ぶ。Public Domain (IMSLP #111925) http://imslp.org/wiki/Preludes,_Op.28_(Chopin,_Frédéric)

50 分として，500 カウントを用意し，それをランダムに 50 個の「ビン」（入れ物）に投げ込む：

```
stripchart(sample(1:50, 500, replace=TRUE),
           pch=16, method="stack", axes=FALSE, at=0)
```

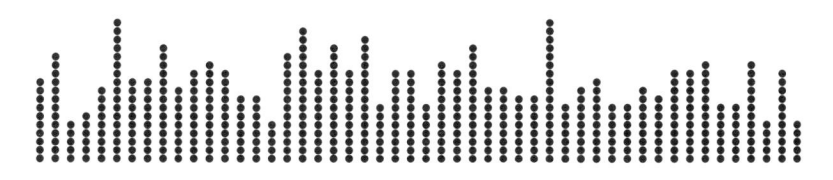

図4.7 50 個のビンにランダムに 500 個を投げ込んだときの分布。

結果は図 4.7 のようになり，毎分平均 10 回でも，十数回起こることもあれば，数回しか起こらないこともある。

平均 λ のポアソン分布は，分散も λ になる。つまり標準偏差は $\sqrt{\lambda}$ である。図 4.7 のポアソン分布の場合，$\lambda = 10$ であるから，標準偏差は $\sqrt{10} \approx 3.16$ ほどである。正規分布で近似すると，± 標準偏差の範囲に収まる確率はほぼ 68 ％ であるから，68 ％ の確率で 10 ± 3 つまり 7 から 13 の範囲に入るといえる。実際にポアソン分布の確率を足し算してみると

```
sum(10^(7:13) * exp(-10) / factorial(7:13))
```

で約 73 ％ になる。この計算は

```
ppois(13,10) - ppois(6,10)
```

でも同じことである。

上のような荒い意味で，1 単位時間に λ 回事象が起きたとき，その誤差は $\sqrt{\lambda}$ であるという言い方をすることがある。しかしこれを文字通りに受け取ると，1 単位時間に 0 回事象が起きたとき，誤差は 0 であると誤解してしまいがちである。

回数 0 の場合も含めて誤差を理解するためには，2 項分布のときと同様，信頼区間を用いる。

図 4.7 のように，一定時間にある事象が 10 回観測されたとしよう。これが平均 λ のポアソン分布の事象であるとすると，λ の信頼区間は次のようにして求められる：

```
> poisson.test(10)

        Exact Poisson test

data:  10 time base: 1
number of events = 10, time base = 1, p-value = 1.114e-07
alternative hypothesis: true event rate is not equal to 1
95 percent confidence interval:
  4.795389 18.390356
sample estimates:
event rate
        10
```

95％信頼区間（95 percent confidence interval）が約 $[4.8, 18.4]$ であることがわかる。

> この意味は，仮に分布が $\lambda = 18.4$ のポアソン分布であれば，10 回またはそれより少ない回数しか起こらない確率は 2.5％であり，仮に分布が $\lambda = 4.8$ のポアソン分布であれば，10 回またはそれより多い回数起こる確率が 2.5％だということを意味する。実際，ppois(10, 18.390356) と打てば 0.025 と返り，ppois(9, 4.795389) と打てば 0.975 と返る。ppois(q, λ) は平均 λ のポアソン分布で q 回以下しか起こらない確率を出力する関数である。ポアソン分布の信頼区間については後ほどさらに詳しく解説する。

同様に，一定時間にある事象が 10 回観測されたなら，λ の 68％信頼区間は $[6.9, 14.3]$ である。これは

```
poisson.test(10, conf.level=0.6826895)
```

で求められる。

事象の回数 n が大きければ，λ の 68％信頼区間は $n \pm \sqrt{n}$ で近似できるが，n が小さい場合はそうならない。例えば 0 回しか起きなかった場合，68％信頼区間は ± 0 ではなく，

```
poisson.test(0, conf.level=0.6826895)
```

と打てばわかるように $[0, 1.84]$ となる。同様に，0 回しか起きない場合の λ の 95％信頼区間は

```
poisson.test(0)
```

でわかるように $[0, 3.7]$ である。今まで 50 年間に一度も日本で原子力発電所の事故が起きなかったとしても，50 年に平均 3.7 回起きる事象である可能性も排

- ポアソン分布で，まったく事象が起こらない確率は $\lambda^0 e^{-\lambda}/0! = e^{-\lambda}$ である。これを5%にするには $e^{-\lambda} = 0.05$ つまり $\lambda = -\log 0.05 = \log 20 \approx 3$ であればよい。つまり，1000回に1回起こることなら3000回試してやっと95%の確率で1回以上起こる。1万人に1人の副作用がある薬で，95%の確率で副作用を見つけるには，3万人に投与してみないといけない。このことを "rule of three" と呼ぶことがある（"rule of three" はいろいろあり，元祖はユークリッドの「$a/b = c/d$ ならそのうち3個で残りの1個が決まる」という比例算の法則である）。

- 乱数列 x がポアソン過程かどうか調べるには，差分 diff(x) が指数分布かどうか調べればよい：

  ```
  dx = diff(x)
  qqplot(qexp(ppoints(length(dx))), dx)
  qqline(dx, distribution=function(p){qexp(p)})
  ```

  この dx が平均 λ の指数分布（密度関数 $\lambda e^{-\lambda t}$）であるかをコルモゴロフ・スミルノフ検定（Kolmogorov-Smirnov test）で調べるには ks.test(dx, "pexp", λ, exact=TRUE) とする。

4.4 バックグラウンドのある場合のポアソン分布

以下では例として放射線の計測を考えるが，計測する量は何でもよい。物理学でヒッグス（Higgs）粒子のような未知の素粒子の存在を示唆するイベント（事象）を検出することを考えてもよい。

空の容器を計測したところ，カウント数は b であった（b は blank または background の意）。同じ条件で試料を入れて計測したところ，カウント数は $b+s$ であった（s は signal の意）。s がいくつ以上であれば放射性物質が含まれると考えてよいだろうか。この s の限界値（に相当する物理量）のことを**検出限界**と呼ぶ。

上本 [36] によれば，「約99.7%の確かさでもってバックグラウンド（ブランク）の信号分布に被測定物質が検出されないと言える最低量（平均値 $+3\sigma$）が検出限界として定義されていると考えるとよい」とのことである（上本 [37] も参照）。検出限界以下の値は "ND" (Not Detected) と表示される。

- **定量下限**という概念もあり，こちらは 10σ 程度と定めることが多いようである。

- 検出限界を 3.29σ と定めることもある。3.29は qnorm(0.95)*2 の概数である。この理由は後述する。

バックグラウンドも試料も同じ条件で計測したのであるから，放射線のカウ

ントがランダムだとすれば，個々のカウントがバックグラウンドに行く確率も試料に行く確率も等しい。したがって，硬貨を投げて表が出るか裏が出るかと同じく，2項分布で考えればよい。仮にバックグラウンド $b = 0$ とすると，検出限界を 3σ とすれば，`pnorm(-3)` ≈ 0.00135 であるが，これは $1/2^{10}$ 強であり，$s = 10$ ならこの確率より小さくなる。つまりバックグラウンドが 0 なら少なくとも 10 カウントなければ検出されたと見なさない。

別の例を考えよう。バックグラウンドのカウントが 100 あったとする。試料のカウントがどれだけあれば検出したと見なすべきであろうか。3σ 相当の両側確率は `pnorm(-3)*2` ≈ 0.0027 であるので，

```
binom.test(100, 249, 0.5)  # p-value = 0.002285 になる
binom.test(100, 248, 0.5)  # p-value = 0.002767 になる
```

より，全部で 249 カウント，つまり試料が 149 カウントすればよい（Kendall [32] の p. 235, 21.21 に同様な問題がある）。

   ✎ これだけカウントが多ければ正規分布で近似してもよい。ポアソン分布の分散はカウント数に等しいのでそれぞれ 100 と 149 で，差の分散は分散の和だから 249 である。標準偏差 σ はこの平方根 15.78 で，$3\sigma = 47.3$ ほど。したがって，100 と 149 では 3σ 以上の隔たりがあり，「検出した」と言える。正規分布近似では 100 と 148 でも「検出」になり，2項分布では 100 と 148 では ND になるという違いはあるが，無視できるほどの違いである。

   ✎ ここでの計算は統計誤差しか考えていない。実際にはほかの誤差も入る。

4.5　カウンタの感度

ポアソン分布の基本がわかっていれば，何らかの強さをカウント（count，回数，計数）で記録するカウンタ（counter）の感度を調べることができる。

例えば放射線の強さをカウントで記録するガイガーカウンタ（Geiger-Müller counter）という装置（センサ）がある。これとは原理が違うゲルマニウム（Ge）やヨウ化ナトリウム（NaI），安価な PIN フォトダイオードを使ったものなどがあるが，いずれも毎分のカウント数（cpm, counts per minute）と放射線の強さが比例することを使って測定する。例えば放射線の強さが $1\,\mu\mathrm{Sv/h}$（毎時 1 マイクロシーベルト）の場所に置いておくと毎分平均 100 回のカウントをするセンサなら，感度は $100\,\mathrm{cpm}/(\mu\mathrm{Sv/h})$ である。カウント数はポアソン分布をするので，1 分測ったとき平均 100 カウントなら，その分散は 100，標準偏差は $\sqrt{100} = 10$ であるので，$10/100 = 10\%$ の誤差（標準誤差）がある。感度が $10000\,\mathrm{cpm}/(\mu\mathrm{Sv/h})$ の装置であれば，1 分測ったとき平均 10000 カウントの標準偏差は $\sqrt{10000} = 100$ であるので，$100/10000 = 1\%$ の誤差になる。つまり，

4.5 カウンタの感度

同じ1分間の計測でも，感度の高い測定器ほど相対誤差が少なくなる。

μSv/h 単位で測った放射線の強さ（確率変数）を X，cpm/(μSv/h) 単位の感度を s，測定時間を m 分とすると，m 分のカウント数は msX であり，ポアソン分布の性質 $E(msX) = V(msX)$ から $msE(X) = m^2s^2V(X)$，したがって感度は

$$s = \frac{E(X)}{mV(X)} \tag{4.1}$$

で求められる。R で書けば mean(X) / (m * var(X)) である。

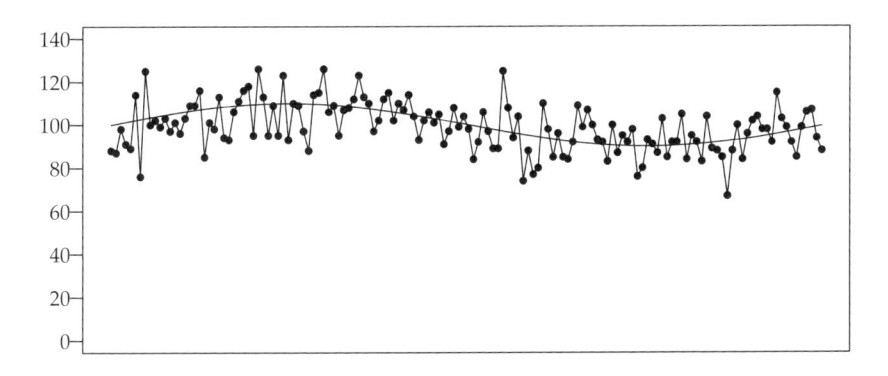

図4.8 10分ごと24時間の計測というよくあるパターンを模した144個のポアソン乱数を発生させプロットした。ただしポアソン分布のパラメータ（= 平均値 = 分散）は $\lambda_k = 100 + 10\sin(2\pi k/144)$ $(k = 0, \ldots, 143)$ のように「日周変化」する。

実際に平均100のポアソン乱数を144個発生させ，分散と平均の比 $V(X)/E(X)$ を計算することを1万回シミュレーションしてみたときの度数分布が図4.9の左側の○である。ちゃんと $V(X)/E(X) = 1$ のまわりに分布している。

しかし，平均と分散の比で感度を求める単純な方法は，現実の観測値で破綻する。図4.8 はその例で，ポアソン分布のパラメータ λ が緩慢に変化している。例えばセンサの温度補償が十分でないと，このような日周変化が生じる。これ以外にも，さまざまな原因で変動が生じる。

> 温度補償が不十分といった測定器側の原因以外の空間放射線量の変動としては，降雨・降雪によるものがよく見られる。0.01〜0.02 μSv/h，まれに台風の豪雨などで 0.06 μSv/h ほど増加する。これは核実験や原発事故とは無関係で，太古から空気中にあるラドンの崩壊生成物 ^{214}Pb, ^{214}Bi による自然現象である。また，原発事故で地表に放射性セシウムが沈着した地域では，積雪による遮蔽効果で線量が減少する。他に非破壊検査や核医学（in vivo）検査の影響もしばしば見られる。いわゆる「福島からの風による変動」は存在しない。サンプリングによる変動（ポアソン分布）そのものを誤解しているだけである。この誤解の一因は，新聞などが空間放射線量を「空気中の放射線量」と報じていることにあるのかもしれない。

本来は1であるはずの比 $V(X)/E(X)$ は，このような場合に単純に計算すると，パラメータの変化に起因する分散まで拾ってしまい，異常に大きな値になる。この場合をシミュレーションで1万回繰り返し，度数分布を描いたのが図4.9の右側の○である。$V(X)/E(X) = 1.5$ あたりに山の中心がある。

このような場合に感度を正確に求める方法を考えよう。まず，X の独立な実現値を X_1, X_2 とすると，

$$V(X) = \frac{V(X_1 - X_2)}{2} = \frac{E((X_1 - X_2)^2)}{2}, \qquad E(X) = \frac{E(X_1 + X_2)}{2}$$

したがって

$$\frac{1}{ms} = \frac{V(X)}{E(X)} = \frac{E((X_1 - X_2)^2)}{E(X_1 + X_2)} = E\left(\frac{(X_1 - X_2)^2}{X_1 + X_2}\right)$$

である。このことを使えば，実際の値 $x_1, x_2, \ldots, x_n$ が与えられたとき

$$\frac{1}{ms} = \frac{1}{n-1} \sum_{i=1}^{n-1} \frac{(x_i - x_{i+1})^2}{x_i + x_{i+1}} \tag{4.2}$$

から感度 s を求めることができる。和の各項は隣同士の値しか使わないので，緩慢な変化に鈍感である。

R で書けば，m 分ごとの測定値の並び x が与えられたとき，

```
s = mean(x) / var(x) / m
```

で感度 s を求めるより

```
n = length(x)
x1 = x[1:(n-1)]
x2 = x[2:n]
s = 1 / mean((x1-x2)^2 / (x1+x2)) / m
```

で求めるほうが，ゆっくりした変動に強い。

> 実際に使う際には `mean()` に `na.rm=TRUE` というオプションを与えておくのが安全である。

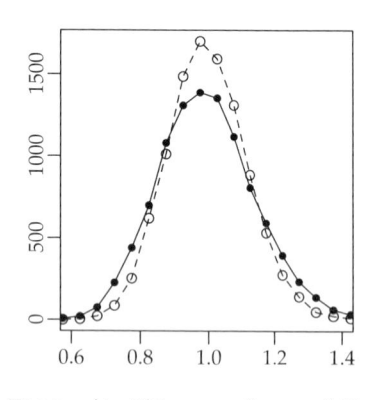

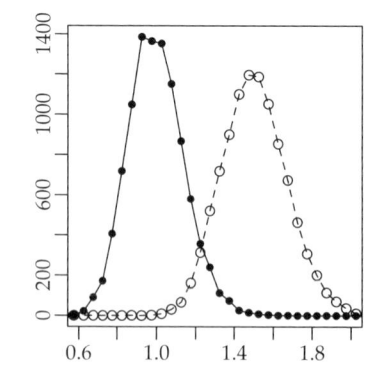

図 4.9 左：平均 100 のポアソン乱数，右：平均 100 に振幅 10 の「日周変化」を加えたポアソン乱数。○：式 (4.1) の方法，●：式 (4.2) の方法

図 4.9 は，144 個のポアソン乱数を発生させ，1 になるはずの分散・平均比を計算することを 1 万回繰り返し，その度数分布を図示したものである。左図は平均を 100 に固定したポアソン乱数で，単純に `var(x) / mean(x)` を計算した場

合の分布を○，式 (4.2) の方法で計算したものを●で示した．単純に計算するほうが若干分布の幅が狭い．右図は平均を 100 に固定せず，振幅 10 の日周変化を加え，緩慢にパラメータが変化するポアソン乱数にした．この場合，単純な方法では大幅に違う結果が出てしまうが，式 (4.2) の方法では正解 1 に近い結果が得られる．

　この方法を使って，原子力規制委員会サイトで公開されている全国 4364 箇所の放射線測定器の 2016 年 3 月 1 日〜20 日の 10 分ごとの測定値を収めた rad.csv を本書サポートページに置いておく．これを使って各測定器の平均放射線量と推定感度をプロットしたのが図 4.10 である．下の比較的低感度の測定器群は線量によらず感度が一定であるが，左上の群は線量と感度に正の相関があるように見える．この原因は不明である．

```
rad = read.csv("rad.csv")
mp = names(rad)[-1]   # 列名から1列目（日時）を除いた測定器名
f = function(m) {
    x = rad[,m]
    n = length(x)
    x1 = x[1:(n-1)]
    x2 = x[2:n]
    c(mean(x, na.rm=TRUE), 1 / mean((x1-x2)^2/(x1+x2), na.rm=TRUE) / 10)
}
```

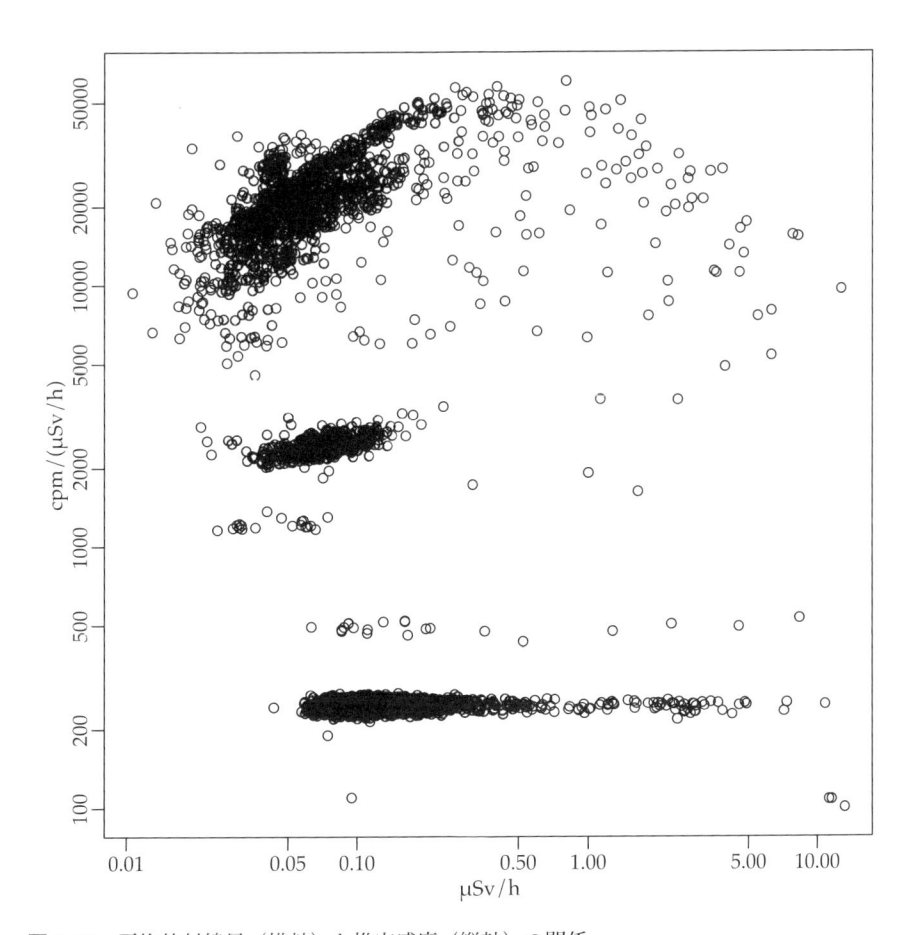

図 4.10　平均放射線量（横軸）と推定感度（縦軸）の関係

```
}
s = sapply(mp, f)
plot(s[1,], s[2,], log="xy", xlab="μSv/h", ylab="cpm/(μSv/h)")
```

4.6 ポアソン分布の信頼区間とその問題点

ポアソン分布に従う事象が $x = 5$ 回起こった場合，パラメータ λ の95％信頼区間は

$$\sum_{x=5}^{\infty} \mathrm{dpois}(x, \lambda_1) = 0.025, \qquad \sum_{x=0}^{5} \mathrm{dpois}(x, \lambda_2) = 0.025$$

を満たす λ_1, λ_2 を両端点とする区間 $\lambda_1 \leq \lambda \leq \lambda_2$ と定義するのが一般的である。つまり片側 p 値が 0.025 になるような λ を両端点として持つ区間である。以降では，区間 $\lambda_1 \leq \lambda \leq \lambda_2$ を $[\lambda_1, \lambda_2]$ と書くことにする。これだけでは $x = 0$ のとき上端 λ_2 しか求められないが，そのときは $\lambda_1 = 0$ と定める。

R の poisson.test() もこの定義による信頼区間を出力する：

```
> poisson.test(5)
...
95 percent confidence interval:
  1.623486 11.668332
...
```

験算してみよう：

```
> 1 - ppois(4, 1.623486)
[1] 0.02499998
> ppois(5, 11.668332)
[1] 0.025
```

次のようにしても験算できる：

```
> poisson.test(5, r=1.623486, alternative="greater")
...
number of events = 5, time base = 1, p-value = 0.025
...
> poisson.test(5, r=11.668332, alternative="less")
...
number of events = 5, time base = 1, p-value = 0.025
...
```

図 4.11 は，信頼区間の考え方を説明するためによく使われる図である。

✎ 図 4.11 は次のようにして描いた：

```
plot(NULL, xlim=c(0,20), ylim=c(0,20), xaxs="i", yaxs="i", asp=1,
```

4.6 ポアソン分布の信頼区間とその問題点

```
         xlab=expression(italic(x)), ylab=expression(italic(λ)))
for (lambda in seq(0,20,0.1)) {
    x = qpois(c(0.025,0.975), lambda)
    segments(x[1], lambda, x[2], lambda, col="gray")
}
abline(v=5)
abline(h=1.623486)
abline(h=11.668332)
abline(h=5, lty=2)
axis(4, c(1.623486,11.668332), labels=c(1.6,11.7))
```

図 4.11 の縦軸は λ で，それぞれの λ に対応するポアソン分布で両側の2.5％（以下）を外した中央の95％（以上）の範囲を灰色の横線で表している。例えば $\lambda = 5$ の場合（図の横点線），`qpois(c(0.025,0.975), 5)` の結果が 1 と 10 であるので，$1 \leq x \leq 10$ が $\lambda = 5$ とコンシステントな（相入れる）範囲である（しかしこれはまだ信頼区間ではない）。このような横線をすべての λ について描く。ここで実験結果として例えば $x = 5$ が得られたならば（図の縦実線），今度は図を縦に見て，$1.6 \leq \lambda \leq 11.7$ の範囲の λ がこのデータとコンシステントである（相入れる）ことが読み取れる。この範囲 $[1.6, 11.7]$ が，データ $x = 5$ が得られたときの λ の信頼区間である。

上の方法では，片側2.5％点から信頼区間を導いた。しかし，単に p 値といえば，両側の p 値，つまり，与えられた観測値 a について $\mathrm{dpois}(x,\lambda) \leq \mathrm{dpois}(a,\lambda)$ を満たすすべての $\mathrm{dpois}(x,\lambda)$ の和を指すことが多い。R の `poisson.test()` の出力する p 値もデフォルトではこれである（さきほどの例のようにオプション `alternative="greater"` または `"less"` を指定すれば片側 p 値になる）。

例えば，帰無仮説 $\lambda = 3$ について，観測値 $x = 7$ を得た場合，

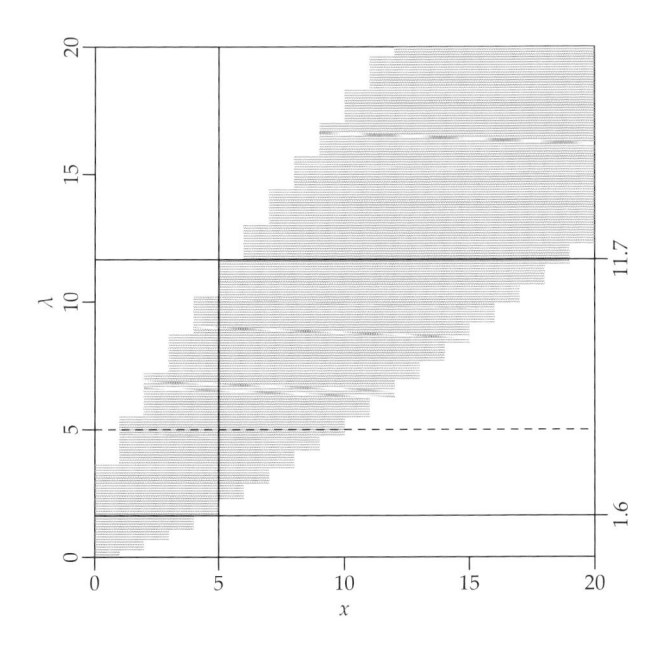

図 4.11　片側 p 値による信頼区間の定め方

```
> poisson.test(7, r=3)

        Exact Poisson test

data:  7 time base: 1
number of events = 7, time base = 1, p-value = 0.03351
alternative hypothesis: true event rate is not equal to 3
95 percent confidence interval:
  2.814363 14.422675
sample estimates:
event rate
         7
```

となり，（両側の）p 値は $p = 0.03351 < 0.05$ で，5％水準で有意である。しかし $3 \in [2.8, 14.4]$ であるから，$\lambda = 3$ は 95％信頼区間に含まれる。つまり，5％有意であることと 95％信頼区間に含まれないこととが対応しない。

有意であることと信頼区間に含まれないこととが対応するような信頼区間を定義することもできる。図 4.12 で説明しよう。

✎ 図 4.12 は次のようにして描いた。

```
plot(NULL, xlim=c(0,20), ylim=c(0,20), xaxs="i", yaxs="i", asp=1,
     xlab=expression(italic(x)), ylab=expression(italic(λ)))
for (lambda in seq(0,20,0.1)) {
    t = sort(dpois(0:100, lambda), decreasing=TRUE)
    s = cumsum(t)
    m = t[sum(s < 0.95) + 1]
    x = range((0:100)[dpois(0:100, lambda) >= m])
    segments(x[1], lambda, x[2], lambda, col="gray")
}
abline(v=5)
```

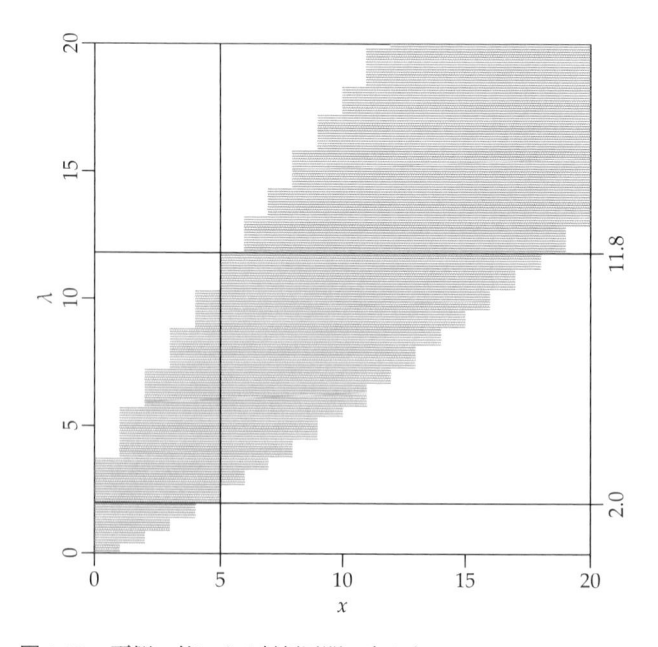

図 4.12　両側 p 値による信頼区間の定め方

```
abline(h=1.9701)
abline(h=11.7992)
axis(4, c(1.9701,11.7992), labels=c("2.0","11.8"))
```

与えられた λ について，dpois(x,λ) の大きい x の値から選んでゆき，合計して 95% 以上になった時点で止める。そのときの x の範囲を灰色の横線として描いた。実験結果が得られたならば，それを縦に見て信頼区間を読み取る。

この方法で信頼区間を求めるには，**exactci** パッケージの poisson.exact() 関数を使い，オプション tsmethod（two-sided method の意）に "minlike" を与える：

```
> install.packages("exactci")
> library(exactci)
> poisson.exact(7, r=3, tsmethod="minlike")

        Exact two-sided Poisson test (sum of minimum likelihood method)

data:  7 time base: 1
number of events = 7, time base = 1, p-value = 0.03351
alternative hypothesis: true event rate is not equal to 3
95 percent confidence interval:
  3.2853 14.3402
sample estimates:
event rate
         7
```

この方法が通常の方法と比べてややこしいのは，必ずしも $p = 0.05$ に相当する点がないことである。図 4.13 は，λ を変化させて，poisson.test$(7,\lambda)$ の出力する p 値をプロットしたものである：

```
x = (1400:1500)/100
plot(x, sapply(x, function(x){poisson.test(7,r=x)$p.value}), type="p",
     xlab=expression(italic(lambda)), ylab=expression(italic(p)))
```

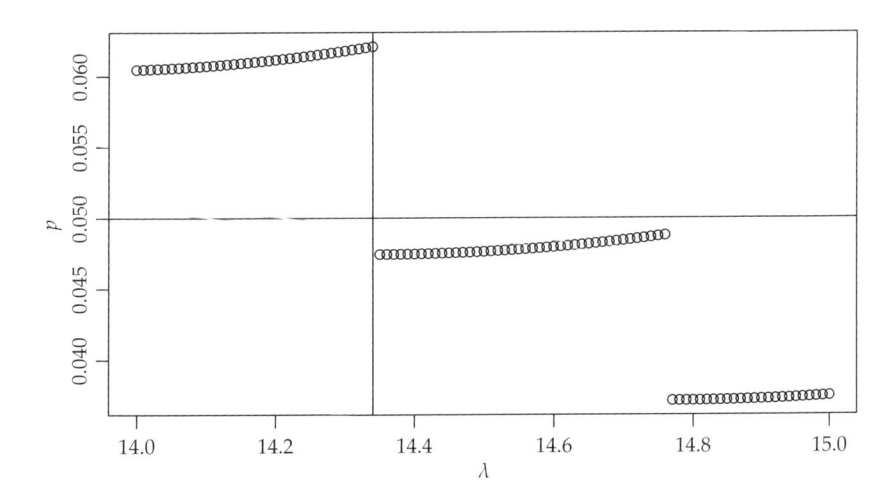

図 4.13　poisson.test$(7,\lambda)$ の λ と p 値の関係

```
abline(v=14.3402)
abline(h=0.05)
```

ご覧のように，$\lambda = 14.34$ で不連続になっている。このような不連続な点も含めた場合，与えられた p に相当する点が右裾だけで二つあることもある（そのときは外側を採る）。

また，「$\mathrm{dpois}(x,\lambda) \leq \mathrm{dpois}(a,\lambda)$ を満たすすべての $\mathrm{dpois}(x,\lambda)$ の和」は，ポアソン分布のような離散分布ならよいが，連続分布では変数変換すると密度関数の値が変わってしまう。

4.7　Feldman–Cousins の信頼区間

Feldman と Cousins [38] の信頼区間は，物理（特に素粒子方面）で使われるようになった新しい方法である（図 4.14）。これは，尤度比

$$R = \frac{\mathrm{dpois}(x,\lambda)}{\mathrm{dpois}(x,\lambda_{\mathrm{best}})}$$

の大きい順に $\mathrm{dpois}(x,\lambda)$ を加えていき，95 % 以上になったら止める（95 % 信頼区間の場合）。ここで λ_{best} は，与えられた x について $\mathrm{dpois}(x,\lambda)$ を最大にする λ の値，つまり λ の最尤推定量である。この場合は単に $\lambda_{\mathrm{best}} = x$ である（後述のように λ に制約がある場合に違いが出る）。比であるので，連続変数の場合にも，x の変数変換によってどの x から順に採用していくかという順序付けのあいまいさがない。

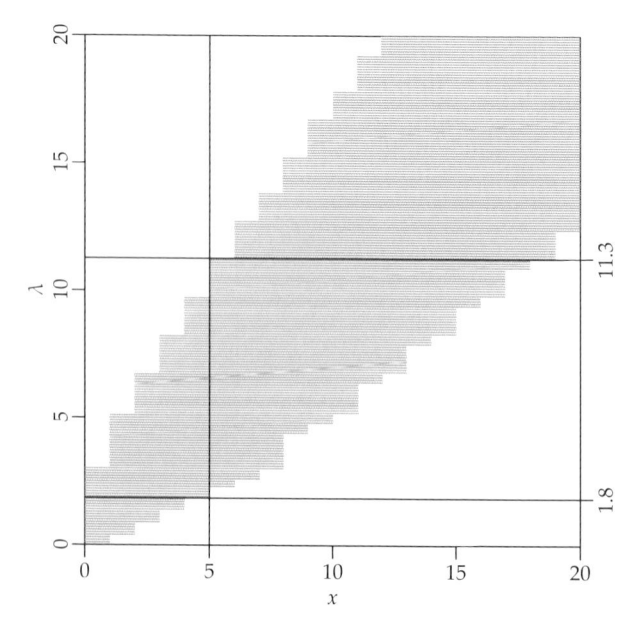

図 4.14　Feldman–Cousins の信頼区間の定め方（制約のない場合）

4.7　Feldman–Cousins の信頼区間

✎ 図 4.14 は次のようにして描いた：

```
plot(NULL, xlim=c(0,20), ylim=c(0,20), xaxs="i", yaxs="i", asp=1,
     xlab=expression(italic(x)), ylab=expression(italic(λ)))
for (lambda in seq(0,20,0.1)) {
    r = dpois(0:100, lambda) / dpois(0:100, 0:100)
    o = order(r, decreasing=TRUE)
    t = sort(dpois(0:100, lambda), decreasing=TRUE)
    s = cumsum(dpois(0:100, lambda)[o])
    m = r[o[sum(s < 0.95) + 1]]
    x = range((0:100)[r >= m])
    segments(x[1], lambda, x[2], lambda, col="gray")
}
abline(v=5)
abline(h=1.84)
abline(h=11.26)
axis(4, c(1.84,11.26), labels=c("1.8","11.3"))
```

一つ前の方法と比べて，灰色の横棒が全体として少し右にシフトしていることがわかる。

この方法が威力を発揮するのは，パラメータ λ に制約がある場合である（図 4.15）。制約条件と，通常の方法で求めた信頼区間との共通部分をとると，信頼区間の幅が狭くなりすぎたり，場合によっては信頼区間が空集合になったりする。Feldman–Cousins の方法なら，制約条件によって R の分母が変わってくるので，制約条件と矛盾しない信頼区間が求められる。

例として，制約 $\lambda \geq 3$ を課してみよう。これはバックグラウンドのイベントが平均して 3 個あることがわかっている実験に相当する。

この場合，$\lambda_{\text{best}} = \max(3, x)$ になる。

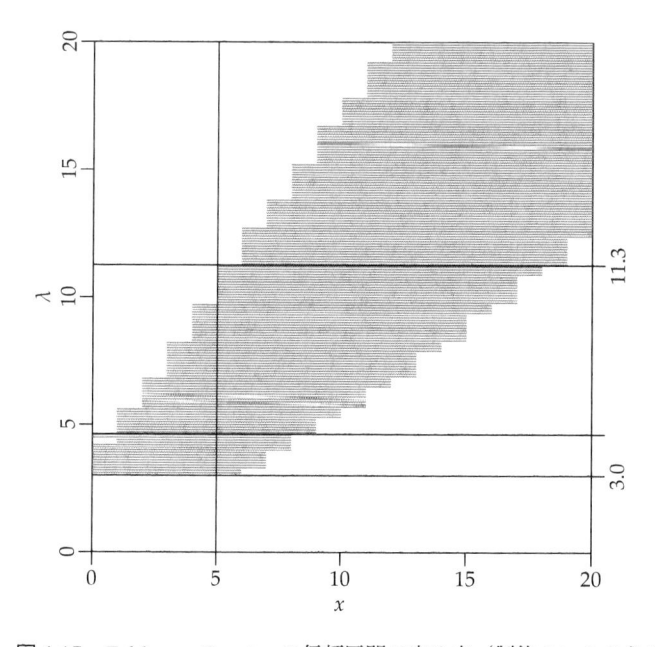

図 4.15　Feldman–Cousins の信頼区間の定め方（制約 $\lambda \geq 3$ のある場合）

図 4.15 は次のようにして描いた：

```
plot(NULL, xlim=c(0,20), ylim=c(0,20), xaxs="i", yaxs="i", asp=1,
    xlab=expression(italic(x)), ylab=expression(italic(λ)))
for (lambda in seq(3,20,0.1)) {
    r = dpois(0:100, lambda) / dpois(0:100, c(3,3,3,3:100))
    o = order(r, decreasing=TRUE)
    t = sort(dpois(0:100, lambda), decreasing=TRUE)
    s = cumsum(dpois(0:100, lambda)[o])
    m = r[o[sum(s < 0.95) + 1]]
    x = range((0:100)[r >= m])
    segments(x[1], lambda, x[2], lambda, col="gray")
}
abline(v=5)
abline(h=3)
abline(h=11.26)
abline(h=4.63)
axis(4, c(3,4.63,11.26), labels=c("3.0","4.6","11.3"))
```

よく見ると，左端で灰色の部分に抜けがあることがわかる。この場合，抜けている部分は無視して信頼区間を読み取る。$x = 0$ のときの最尤推定量は $\lambda = 3$，95％信頼区間は $[3.0, 4.6]$ になる。これに対して，通常の（片側 p 値に基づく）95％信頼区間は $[0, 3.689]$ で，90％信頼区間は $[0, 2.996]$ であり，90％信頼区間と制約条件との共通部分は空集合になる。

Feldman–Cousins の論文 [38] には，いろいろな制約 $\lambda \geq b$ について，バックグラウンドを引いた信頼区間 $[\lambda_1 - b, \lambda_2 - b]$ の表が載っているが，それらは $\lambda_2 - b$ が b について単調非増加になるように修正されている。この修正をしなければ $x = 0$ での 95％信頼区間の上限は図 4.16 のようになる。

図 4.16 は次のようにして描いた：

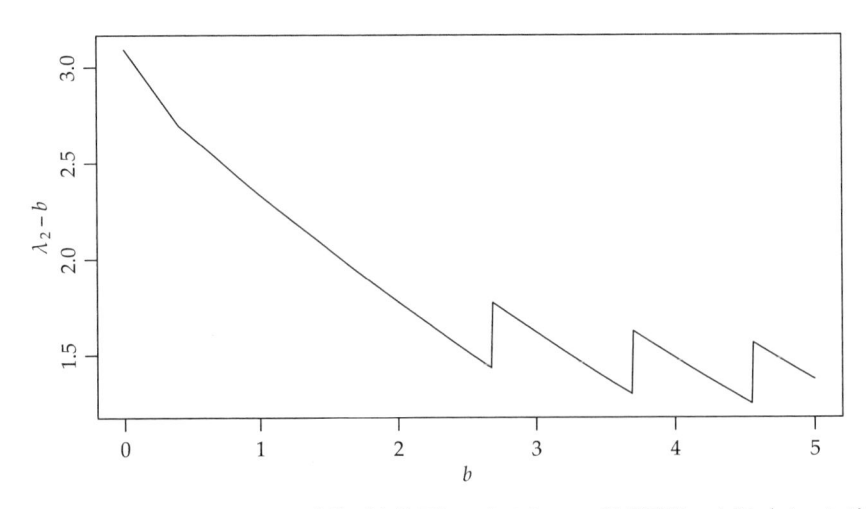

図 4.16 Feldman–Cousins の方法（未修正）で求めた 95％信頼区間の上限（バックグラウンドを引いた値）$\lambda_2 - b$ とバックグラウンド b との関係。Feldman と Cousins はこのグラフが b について増加しないように λ_2 を修正している。

```
fcconf = function(x, b) {
    ret = c(100, 0)
    for (lambda in seq(b,10,0.001)) {
        r = dpois(0:100, lambda) / dpois(0:100, pmax(b,0:100))
        o = order(r, decreasing=TRUE)
        t = sort(dpois(0:100, lambda), decreasing=TRUE)
        s = cumsum(dpois(0:100, lambda)[o])
        m = r[o[sum(s < 0.95) + 1]]
        if (x %in% (0:100)[r >= m]) {
            ret[1] = min(ret[1], lambda-b)
            ret[2] = max(ret[2], lambda-b)
        }
    }
    ret
}
b = (0:500)/100
lambda2 = sapply(b, function(x){fcconf(0,x)})[2,]
plot(b, lambda2, type="l", xlab=expression(italic(b)),
     ylab=expression(italic(λ)[2] - italic(b)))
```

尤度比 l によって棄却域 $l \leq c_\alpha$ を決める考え方は，もともとの Neyman と Pearson の考え方 [19] の素直な適用であり，有名な Kendall の教科書 [32] の第 22 章の冒頭でも紹介されている。Feldman と Cousins の方法は，これを制約のある問題に応用したものといえる。

✎ ベイズ流では次のようになる。実現回数 0 とすればポアソン分布の尤度は $e^{-\lambda}$ である。事前分布を例えば $\lambda \geq c$ で平均 $c+a$ の指数分布 $e^{-\lambda/a}$ とすると，事後分布（尤度と事前分布の積）の 95 % 区間（ここでは確率密度が最も大きい区間 highest density interval（HDI）とする）はほぼ $[c, c + \log 20/(1 + 1/a)]$ となり，事前分布のパラメータ a 次第で任意の幅（ただし $\log 20 \approx 3$ 以下）にできる。論理は非常に単純であるが，結果は事前分布のパラメータ a に依存するところが，ベイズ流の方法が広く受け入れられるに至っていない理由であろう。

Chapter 5

分割表の解析

5.1 分割表

分割表（contingency table）とは，例えば次のような縦横に集計した表である（[39], 表IIの男性の一部）。

	肺がんあり	肺がんなし
喫煙あり	231	23036
喫煙なし	26	10813

この表から喫煙と肺がんに関連があるといえるであろうか。

上の例は 2×2（2行2列）の場合であるが，もっと大きい分割表もある。例えば次は292組の夫婦のABO血液型（左）と，血液型と性格（内向性・外向性）の関係である [40]：

	妻A	妻B	妻AB	妻O
夫A	27	26	9	17
夫B	28	23	6	31
夫AB	9	10	1	16
夫O	31	22	11	25

	内向	外向
A	195	102
B	123	82
AB	61	38
O	144	10

これらから，夫と婦の血液型に関連があるといえるであろうか。また，血液型と性格（内向性・外向性）に関連があるといえるであろうか。

✎ このような複数の項目の同時集計を**クロス集計**（cross tabulation）と呼ぶことがある。

5.2 フィッシャーの正確検定

例えば次の問題を考えよう。男女各5人に意見を聞いたところ、次のように賛否が分かれた。男女で差はあるといえるだろうか。

	賛	否
男	3	2
女	1	4

まったく同じ問題を、次のように言い換えてみよう。壺の中に赤玉4個、白玉6個が入っていた。ここからランダムに5個取り出したところ、赤玉が3個、白玉が2個である確率を求めたい。

	赤玉	白玉
取り出した	3	2
まだ壺の中	1	4

これはよく高校の数学で出題された。10個から5個取り出す組合せは $_{10}C_5$ で、そのうち赤3、白2であるのは $_4C_3 \times {_6C_2}$ 通りであるから、確率は

$$\frac{{_4C_3} \cdot {_6C_2}}{{_{10}C_5}}$$

になる。$_nC_r$ を求める R の関数 choose() を使えば

```
> choose(4,3) * choose(6,2) / choose(10,5)
[1] 0.2380952
```

のように求められる。

この「赤3、白2」という事象の p 値（これか、これより珍しい事象が起こる確率）を求めよう。取り出したものの合計が5個という条件を満たす分割表をすべて挙げれば、

	赤玉	白玉	赤玉	白玉	赤玉	白玉	赤玉	白玉	赤玉	白玉
取り出した	4	1	3	2	2	3	1	4	0	5
まだ壺の中	0	5	1	4	2	3	3	2	4	1

それぞれの確率をさきほどと同じ方法で求めると

0.02380952, 0.2380952, 0.4761905, 0.2380952, 0.02380952

となる。実際に得られたのは、このうちの2番目の、確率 0.2380952 の事象であり、「これか、これより珍しい事象」を「確率が 0.2380952 以下の事象」と解釈すれば、この5通りのうち真ん中の 0.4761905 を除いた4通りが該当する。それらを合計すると $p = 0.5238$ になる。

> 縦計，横計のことを**周辺度数**（marginal frequencies, marginal totals）という。
> 上の表のように周辺度数を固定したときの確率分布を**超幾何分布**（hypergeometric distribution）という。

この手順をもっと簡単にしてくれる R の関数 fisher.test() がある。この引数はこの場合 2×2 の行列 $\binom{3\ 2}{1\ 4}$ であるが，これは R では matrix(c(3,1,2,4), nrow=2) と表す（デフォルトでは縦に読む）。

```
> fisher.test(matrix(c(3,1,2,4), nrow=2))

        Fisher's Exact Test for Count Data

data:  matrix(c(3, 1, 2, 4), nrow = 2)
p-value = 0.5238
alternative hypothesis: true odds ratio is not equal to 1
95 percent confidence interval:
   0.2180460 390.5629165
sample estimates:
odds ratio
  4.918388
```

さきほどと同じ $p = 0.5238$ が出力された。この方法を**フィッシャーの正確検定**（Fisher's exact test, フィッシャーの正確確率検定，直接確率法）という。

上の例では，10 個のうちちょうど半分を取り出したので，分布は左右対称であったが，10 個のうち 4 個を取り出すことにすれば

	赤玉	白玉	赤玉	白玉	赤玉	白玉	赤玉	白玉	赤玉	白玉
取り出した	4	0	3	1	2	2	1	3	0	4
まだ壺の中	0	6	1	5	2	4	3	3	4	2

の確率は

0.004761905, 0.1142857, 0.4285714, 0.3809524, 0.07142857

となり，対称でなくなる。この場合，左から 2 番目（確率 0.1142857）が実際の結果とすれば，「これか，より珍しい場合」の合計は

$$0.004761905 + 0.1142857 + 0.07142857$$

になる。これは両側検定であるが，片側検定なら $0.004761905 + 0.1142857$ である。片側確率の 2 倍が両側確率にならない例の一つである。

> 上では「これか，より珍しい場合」を，フィッシャーに従って「確率がこれ以下の場合」と解釈したが，「χ^2 値（後述）がこれ以下の場合」と解釈することもできる。両側検定の場合，両者の結果が異なることがある。また，両側確率は単に片側確率を 2 倍するのがよいという意見 [41] もあるが，2×2 分割表以外（一般に複数の自由度がある場合）では，そもそも片側・両側という概念が定義できない。

> R の matrix() はオプション byrow=TRUE を与えないと列ごとに数値を読む。ただ，行と列を入れ替えても，縦計 $a+c$, $b+d$, 横計 $a+b$, $c+d$ を固定した

ときに分割表 $\begin{bmatrix} a & b \\ c & d \end{bmatrix}$ を得る確率は

$$\frac{{}_{a+c}C_a \cdot {}_{b+d}C_b}{{}_nC_{a+b}} = \frac{\frac{(a+c)!}{a!c!} \cdot \frac{(b+d)!}{b!d!}}{\frac{n!}{(a+b)!(c+d)!}} = \frac{(a+b)!(c+d)!(a+c)!(b+d)!}{n!a!b!c!d!}$$

であり，行と列を入れ替えても同じ結果になる。

上の式を拡張して，任意の $m \times n$ 分割表 $[a_{ij}]$ について

$$\frac{(\sum_j a_{1j})!\ldots(\sum_j a_{mj})!(\sum_i a_{i1})!\ldots(\sum_i a_{in})!}{n!a_{11}!a_{12}!\ldots a_{mn}!}$$

を計算することができる。元の分割表と同じ行和・列和を与えるすべての分割表について上の確率を計算し，元の分割表以下の確率の和を求めれば，任意の分割表についてフィッシャーの方法での p 値が得られる。

例えばこの章の最初にある血液型と性格（内向性・外向性）の関連の表では，次のようにして計算できる：

```
> fisher.test(matrix(c(195,123,61,144, 102,82,38,107), ncol=2))
```

あるいは，この場合は行列よりデータフレームを使うほうが自然であろう：

```
> x = data.frame(内向=c(195,123,61,144), 外向=c(102,82,38,107))
> row.names(x) = c("A","B","AB","O")   # 計算には不要だが行に名前を付けると便利
> fisher.test(x)
```

結果は $p = 0.2431$ になる。

- 🔖 大きな行列で有意にならなくても，その部分行列で有意になることがある。これも多重検定の問題の一つである。上の血液型と性格のデータはどの血液型の組合せでも 5% 水準では有意にならないが，`fisher.test(x[c(1,4),])` では $p = 0.052$ と有意に迫る。

- 🔖 大きい分割表の場合，メモリが足りなくなることがある。このときは，`fisher.test()` の `workspace` オプションにメモリの量（4 バイト単位）を指定する。デフォルトは `workspace = 200000` である。

`fisher.test()` はオッズ比（odds ratio, OR）も出力する。オッズ（odds）とは「当たりの確率」を「外れの確率」で割ったもので，オッズ比はその比である。分割表の縦横を入れ替えてもオッズ比は変わらない。詳しくは次節で説明する。

- 🔖 ただし，`fisher.test()` の出力するオッズ比は上の定義から少し外れているので，少し説明しておく。$a+c$ 個の赤玉から a 個，$b+d$ 個の白玉から b 個を取り出す分割表 $\begin{bmatrix} a & b \\ c & d \end{bmatrix}$ で，赤・白を取り出す確率 p, q が等しくないとし，a の分布は ${}_{a+c}C_a p^a(1-p)^c$，b の分布は ${}_{b+d}C_b q^b(1-q)^d$ という 2 項分布でモデル化する。a, c が与えられたとき，確率 ${}_{a+c}C_a p^a(1-p)^c$ を最大にするパラメータ p を求めてみよう。このように確率を最大にするように選んだパラメータを**最尤推定量**（maximum likelihood estimator, MLE）という。確率を p で微分したものを 0 と置くと，$p/(1-p) = a/c$ という期待通りの式が出る。同じよう

に白玉についても $q/(1-q) = b/d$ で，両者の間に何の条件も付けなければ，オッズ比は期待通りの $\dfrac{p/(1-p)}{q/(1-q)} = \dfrac{a/c}{b/d}$ という式で求められる。ここで，赤玉を a 個，白玉を b 個選ぶ確率は，積

$$_{a+c}C_a p^a (1-p)^c \times {}_{b+d}C_b q^b (1-q)^d$$

で与えられる。これはすべての可能な a, b について合計すれば 1 になる。これを，取り出す個数 $a+b$ を固定したときの条件付き確率にするには，$a+b$ を固定してすべての可能な a について合計すると 1 になるように比例定数を付け替えなければならない。見通しをよくするために上の式を

$$_{a+c}C_a p^a (1-p)^{-a} \times {}_{b+d}C_b q^{-a} (1-q)^a \times (1-p)^{a+c} q^{a+b} (1-q)^{(b+d)-(a+b)}$$

と変形すると，最後の × 以下は定数であるので，条件付き確率は結局

$$\dfrac{{}_{a+c}C_a \cdot {}_{b+d}C_b \cdot \omega^a}{\sum_a {}_{a+c}C_a \cdot {}_{b+d}C_b \cdot \omega^a}, \qquad \omega = \dfrac{p/(1-p)}{q/(1-q)}$$

になる。これを最大にする ω が，`fisher.test()` が出力するオッズ比である。これは $a+b =$ 一定 という条件付きの最尤推定量（conditional MLE）である。通常はオッズ比として，条件なしの最尤推定量（unconditional MLE）である $\dfrac{a/b}{c/d}$ を報告すればよいであろう。

Fisher の検定はオッズ比が 1 であることの検定と理屈上は同じことであるが，`fisher.test()` の採用する一般的な計算方法では，p 値とオッズ比の信頼区間とは別の方法で計算されるので，同じ結果にならないことがある。例えば

```
> ex1 = matrix(c(6,12,12,5), nrow=2)
```

という例で試してみよう。`fisher.test(ex1)` では $p = 0.044$ となり 5 % 水準で有意であるが，オッズ比の 95 % 信頼区間は $[0.039, 1.056]$ であるので 1 を含む [42]。

この状況を改善するには，**exact2x2** パッケージの `fisher.exact()` を使う：

```
> library(exact2x2)
> fisher.exact(ex1)
```

p 値は `fisher.test()` と同じ 0.044 が出るが，95 % 信頼区間は $[0.0435, 0.9170]$ となり，5 % 水準で有意でないことと矛盾しない結果になる。

> 壺から玉をランダムに 5 個取り出す問題でフィッシャーの正確検定を説明したが，その前の「男女各 5 人に意見を聞いたところ」という問題は少し違うかもしれない。壺の問題では，もともと赤玉 4 個，白玉 6 個といった周辺度数が固定されているので，超幾何分布を使うことに異論はないだろう。しかし，アンケートをしたときの男女の数や賛否の数は，固定されたものというよりは，たまたま実現した値であり，潜在的に起こりうる事象はもっとたくさんあるかもしれない。周辺度数を固定することによって，可能な状態の数を著しく制限して考えるところが，フィッシャーの正確検定の計算上の利点であるが，現実からの乖離もあるかもしれない。

5.3 カイ2乗検定

行と列とがまったく独立であれば，10個の玉の数は次のようになることが期待される。

	赤玉	白玉
取り出した	$10 \times 0.5 \times 0.4 = 2$	$10 \times 0.5 \times 0.6 = 3$
まだ壺の中	$10 \times 0.5 \times 0.4 = 2$	$10 \times 0.5 \times 0.6 = 3$

ここで，平均して E 回起こるものが O 回起こったとすると，O は平均 E，分散 E のポアソン分布に従う。E が大きければこれは正規分布で近似でき，$(O-E)/\sqrt{E}$ は標準正規分布 $\mathcal{N}(0,1)$ になる。このようなものが n 組あれば，合計 $\sum_{i=1}^{n}(O_i - E_i)^2/E_i$ は自由度 n のカイ2乗分布に従う。このことを使った検定が**カイ2乗検定**（χ^2 検定，chi-squared test）である。ただし，この場合は，実際には行の合計・列の合計が決まっているので，自由に動かせる個数は一つしかない（自由度は1である）。

 ✎ E と O はそれぞれ expected（期待），observed（観測）の頭文字で，期待度数，観測度数を表すのによく用いられる。

R では chisq.test() という関数でカイ2乗検定が行える。さきほどの分割表 $\begin{bmatrix} 3 & 2 \\ 1 & 4 \end{bmatrix}$ で試してみよう。

```
> chisq.test(matrix(c(3,1,2,4), nrow=2))

        Pearson's Chi-squared test with Yates' continuity correction

data:  matrix(c(3, 1, 2, 4), nrow = 2)
X-squared = 0.41667, df = 1, p-value = 0.5186

 警告メッセージ: 
 chisq.test(matrix(c(3, 1, 2, 4), nrow = 2)) で: 
   カイ自乗近似は不正確かもしれません
```

$p = 0.5186$ となったが，「不正確かもしれない」と表示された。分割表の各度数がこのように小さな値の場合，カイ2乗検定は不正確である。

また，**イェイツの連続性補正**（Yates' continuity correction）を施したと出力されている。これは，さきほどの $\sum_{i=1}^{n}(O_i - E_i)^2/E_i$ を $\sum_{i=1}^{n}(|O_i - E_i| - 0.5)^2/E_i$ に修正するもので，これについてはさまざまな議論がある。この補正をしたくないなら

```
> chisq.test(matrix(c(3,1,2,4), nrow=2), correct=FALSE)
```

とする（$p = 0.1967$ に減る）。

5.4 オッズ比，相対危険度

疫学では次のような 2×2（2行2列）の分割表をよく考える：

	疾病あり	疾病なし
曝露あり	a	b
曝露なし	c	d

「曝露」（exposure）とは，何らかの条件にさらされることである（必ずしも害になるものとは限らない）。「疾病」（disease）は病気のことであるが，より一般に「結果」（outcome）というほうがよいかもしれない。具体的には，この章の最初の「肺がんあり」「肺がんなし」の表を考えればよいであろう。

このとき，$a/(a+b)$ や $c/(c+d)$ をそれぞれの場合の**危険度**（risk）といい，その比 $\dfrac{a/(a+b)}{c/(c+d)}$ を**相対危険度**（相対リスク，relative risk, RR）という。

また，a/b や c/d をそれぞれの場合のオッズ（odds）といい，その比 $\dfrac{a/b}{c/d}$ を**オッズ比**（odds ratio, OR）という。

危険度とオッズは，小さい値のときはどちらもほぼ等しくなる。

相対危険度は，行・列のどちらを原因・結果と考えるかによって，答えが違ってくる（数学的には，行列の転置をとると，答えが違ってくる）。これに対して，オッズ比は行と列を入れ替えても変わらない。

オッズ比の対数 $\log \mathrm{OR} = \log a - \log b - \log c + \log d$ は正規分布で近似でき，その分散は，各度数をポアソン分布とすれば $V(\log a) \approx 1/a$ などが成り立つので，$V(\log \mathrm{OR}) \approx 1/a + 1/b + 1/c + 1/d$ と近似できる。相対危険度も対数をとって $V(\log \mathrm{RR}) \approx 1/a - 1/(a+b) + 1/c - 1/(c+d)$ で近似する。

オッズ比や相対危険度の信頼区間が1を含むことと，行・列が独立であること（$a:b = c:d$）とは，数学的に同じことであるが，信頼区間を求める方法や，独立性の検定の方法によって，結果が一致しないことがある（「検定」とはそんなもので，$p = 0.04$ と $p = 0.06$ の違いは実質科学的なものではなく，単なる線引きの問題である）。

オッズ比と相対危険度には

$$\mathrm{RR} = \frac{\mathrm{OR}(1 + c/d)}{1 + (c/d)\mathrm{OR}} = \frac{\mathrm{OR}}{1 - c/(c+d) + (c/(c+d))\mathrm{OR}}$$

という関係があり，比較的安定に求められる被曝露群のオッズ c/d または危険度 $c/(c+d)$ を使った式で変換できる。

これら以外に，リスク差（risk difference, RD）$a/(a+b) - c/(c+d)$ も使わ

れる。この分散は2項分布近似で $V(\text{RD}) \approx ab/(a+b)^3 + cd/(c+d)^3$ となる。

5.5 相対危険度・オッズ比の求め方

この章の最初の「肺がんあり」「肺がんなし」のような表は，データフレームで表してもよいが，ここでは行列で表そう。その場合，すでに述べたように，左端の列から縦に読んでいって，

```
> x = matrix(c(231,26,23036,10813), nrow=2)
> x
     [,1]  [,2]
[1,]  231 23036
[2,]   26 10813
```

のように入力する（横に読んで入力した場合にはオプション byrow=TRUE を付ける）。行数 nrow，列数 ncol のどちらかを指定する必要がある。行・列に名前を付けるには，次のようにする：

```
> rownames(x) = c("喫煙", "非喫煙")
> colnames(x) = c("肺がんあり", "肺がんなし")
> x
       肺がんあり 肺がんなし
喫煙          231      23036
非喫煙          26      10813
```

以下では，手計算と照合しやすいように，数値例を次の簡単なものにして計算する：

```
> x = matrix(c(12,5,6,12), nrow=2)
> x
     [,1] [,2]
[1,]   12    6
[2,]    5   12
```

手計算してみると，オッズ比は 4.8，その対数（1.5686）の分散は 0.5333，正規分布近似の p 値は 0.0317，95％信頼区間は $[1.15, 20.08]$ になる：

```
> (x[1,1]/x[1,2]) / (x[2,1]/x[2,2])
[1] 4.8
> log((x[1,1]/x[1,2]) / (x[2,1]/x[2,2]))
[1] 1.568616
> 1/x[1,1] + 1/x[1,2] + 1/x[2,1] + 1/x[2,2]
[1] 0.5333333
> pnorm(-1.568616 / sqrt(0.5333333)) * 2
[1] 0.03172043
> exp(1.568616 + qnorm(c(0.025,0.975)) * sqrt(0.5333333))
[1]  1.147127 20.084960
```

5.5 相対危険度・オッズ比の求め方

Rにはこのような2×2の表を扱うパッケージがいろいろある。以下でいくつかを紹介する。

Epi パッケージ

Epi パッケージで2×2の表を扱う関数は `twoby2()` である。オッズ比は通常の定義（unconditional MLE）を使い，信頼区間はWald（ウォールド，ワルド）の方法（正規分布近似）で求めている。

```
> library(Epi)
> twoby2(x)
2 by 2 table analysis:
------------------------------------------------------
Outcome   : Col 1
Comparing : Row 1 vs. Row 2

       Col 1 Col 2    P(Col 1)  95% conf. interval
Row 1    12     6      0.6667    0.4288    0.8420
Row 2     5    12      0.2941    0.1280    0.5419

                                95% conf. interval
             Relative Risk: 2.2667    1.0128    5.0730
         Sample Odds Ratio: 4.8000    1.1471   20.0850
Conditional MLE Odds Ratio: 4.5683    0.9465   25.7201
      Probability difference: 0.3725    0.0427    0.6073

            Exact P-value: 0.0437
       Asymptotic P-value: 0.0317
------------------------------------------------------
```

相対リスクは2.2667で，95％信頼区間は[1.01, 5.07]である。また，標本オッズ比は4.8で，95％信頼区間は[1.15, 20.09]である。その下のConditional MLE Odds Ratioは `fisher.test()` の出してくる値である。p値はExactのほうは `fisher.test()` と同じ0.0437で，Asymptoticのほうは近似である。数が多い場合はAsymptoticだけの表示になり，場合によっては「0」と表示されることがあるが，その場合は「$p < 0.001$ で有意」と報告すればよいであろう（丸める前の値を知りたければ `twoby2(x)$p.value` と打ち込む）。

epitools パッケージ

epitools パッケージには4つの方法が用意されている:

- `oddsratio.midp()` または単に `oddsratio()`：mid-p法（median-unbiased estimation，exact CI）
- `oddsratio.fisher()`：Fisherの方法（conditional MLE，exact CI）
- `oddsratio.wald()`：Waldの方法（unconditional MLE，normal approximation)

- `oddsratio.small()`：正規分布近似＋小標本補正（normal approximation with small sample adjustment）

上の **Epi** パッケージの `twoby2()` のオッズ比と同じ結果を出すのは `oddsratio.wald()` である。オッズ比とその信頼区間は `$measure` の Exposed2 欄に出力される：

```
> library(epitools)
> oddsratio.wald(x)
$data
          Outcome
Predictor  Disease1 Disease2 Total
  Exposed1       12        6    18
  Exposed2        5       12    17
  Total          17       18    35

$measure
          odds ratio with 95% C.I.
Predictor estimate    lower    upper
  Exposed1      1.0       NA       NA
  Exposed2      4.8 1.147127 20.08496

$p.value
          two-sided
Predictor  midp.exact fisher.exact chi.square
  Exposed1         NA           NA         NA
  Exposed2 0.03527143   0.04371017 0.02752225

$correction
[1] FALSE

attr(,"method")
[1] "Unconditional MLE & normal approximation (Wald) CI"
```

ほかの方法もまとめて，違うところだけ記す：

```
> oddsratio.wald(x)
  Exposed2      4.8 1.147127 20.08496
> oddsratio.midp(x)
  Exposed2 4.503795 1.105796 21.10137
> oddsratio.fisher(x)
  Exposed2 4.568253 0.9465292 25.72015
> oddsratio.small(x)
  Exposed2 3.428571 1.099686 17.37077
```

vcd パッケージ

```
> library(vcd)
> oddsratio(x, log=FALSE)
[1] 4.8
```

vcd パッケージの `oddsratio()` では Wald の方法が使われ，単純明快にオッズ比（unconditional）だけ出力される。信頼区間や p 値は次のようにして出力

する：

```
> confint(oddsratio(x, log=FALSE))
         lwr      upr
[1,] 1.147127 20.08496
> summary(oddsratio(x))
     Log Odds Ratio Std. Error z value Pr(>|z|)
[1,]         1.5686     0.7303  2.1479  0.03172 *
---
Signif. codes:  0 '***' 0.001 '**' 0.01 '*' 0.05 '.' 0.1 ' ' 1
```

fmsb パッケージ

神戸大学の中澤港先生の **fmsb** パッケージにも **epitools** と同じ名前の oddsratio(), rateratio(), riskratio() という関数がある。この oddsratio() は，行列の指定と同様，縦順に数値を4つ並べる。

```
> library(fmsb)
> oddsratio(12, 5, 6, 12)
           Disease Nondisease Total
Exposed         12          6    18
Nonexposed       5         12    17
Total           17         18    35

        Odds ratio estimate and its significance probability

data:  12 5 6 12
p-value = 0.02983
95 percent confidence interval:
  1.147127 20.084959
sample estimates:
[1] 4.8
```

Wald の方法を使っている。

exact2x2 パッケージ

exact2x2 パッケージについてはフィッシャーの正確検定のところでも少し書いた。このパッケージは exact2x2() という関数を定義しているが，特によく使うオプションについては fisher.exact(), blaker.exact(), mcnemar.exact() という名前でもアクセスできる。

```
> library(exact2x2)
> fisher.exact(x)

        Two-sided Fisher's Exact Test (usual method using minimum likelihood)

data:  x
p-value = 0.04371
alternative hypothesis: true odds ratio is not equal to 1
```

```
95 percent confidence interval:
 1.0905 22.9610
sample estimates:
odds ratio
  4.568253

> blaker.exact(x)

        Blaker's Exact Test

data:  x
p-value = 0.04371
alternative hypothesis: true odds ratio is not equal to 1
95 percent confidence interval:
 1.0905 23.6488
sample estimates:
odds ratio
  4.568253
```

fisher.exact() の p 値とオッズ比の点推定値（conditional）は fisher.test() と同じであるが，信頼区間は p 値と同じ方法で求めているので，片方だけ有意ということがない。

まとめると次のようになる:

パッケージ	関数	p 値	オッズ比	95％信頼区間
−	手計算	0.03172043	4.8	[1.147127, 20.084960]
−	fisher.test()	0.04371	4.568253	[0.9465292, 25.7201471]
−	chisq.test()	0.06208	−	−
−	chisq.test(correct=FALSE)	0.02752	−	−
Epi	twoby2()	Exact: 0.0437	Sample: 4.8000	Sample: [1.1471, 20.0850]
Epi	twoby2()	Asymptotic: 0.0317	Conditional: 4.5683	Conditional: [0.9465, 25.7201]
epitools	oddsratio.wald()	chisq: 0.02752225	4.8	[1.147127, 20.08496]
epitools	oddsratio.midp()	0.03527143	4.503795	[1.105796, 21.10137]
epitools	oddsratio.fisher()	0.04371017	4.568253	[0.9465292, 25.72015]
epitools	oddsratio.small()	−	3.428571	[1.099686, 17.37077]
vcd	oddsratio()	0.03172	4.8	[1.147127, 20.08496]
fmsb	oddsratio()	0.02983	4.8	[1.147127, 20.084959]
exact2x2	fisher.exact()	0.04371	4.568253	[1.0905, 22.9610]
exact2x2	blaker.exact()	0.04371	4.568253	[1.0905, 23.6488]

5.6 ファイ係数，クラメールの V など

2×2 に限らず，表の各行（各列）の独立性を検定するためによく使われるのが「カイ2乗」（χ^2）という統計量である（カイ2乗検定参照）。これを0以上1

5.6 ファイ係数，クラメールのVなど

以下に収まるように変換したものが**クラメールの V**（Cramér's V）である：

$$V = \sqrt{\frac{\chi^2}{n \cdot \min(\text{nrow} - 1, \text{ncol} - 1)}}$$

ここで n は表の値を全部合計したもの，nrow と ncol は行数，列数である。特に 2×2 の表については**ファイ係数**（phi coefficient, ϕ）と呼ばれる：

$$\phi = \sqrt{\frac{\chi^2}{n}} = \frac{|ad - bc|}{\sqrt{(a+b)(c+d)(a+c)(b+d)}}$$

この分子の絶対値を外せば，どちらの向きに関連があるかもわかる。以下では絶対値なしのほうを使う。

2通りの定義でさきほどの行列 x のファイ係数を求めよう（セミコロン; は複数のコマンドを1行に書くときに使う）：

```
> sqrt(chisq.test(x,correct=FALSE)$statistic / sum(x))
X-squared
 0.372549
> a = x[1,1]; b = x[1,2]; c = x[2,1]; d = x[2,2]
> (a*d-b*c) / sqrt((a+b)*(c+d)*(a+c)*(b+d))
[1] 0.372549
```

パッケージ **psych** にファイ係数（絶対値なし）を求める関数がある：

```
> library(psych)
> phi(x)
[1] 0.37
> phi(x, digits=8)
[1] 0.372549
```

ファイ係数と似たものに**ユールの Q**（Yule's Q）がある。これはオッズ比（OR）を -1 から 1 までの範囲に変換したものとも考えられる：

$$Q = \frac{ad - bc}{ad + bc} = \frac{\text{OR} - 1}{\text{OR} + 1}$$

これは **psych** パッケージの Yule() で計算できる：

```
> Yule(x)
[1] 0.6551724
> (a*d-b*c) / (a*d+b*c)
[1] 0.6551724
```

これらの比較は Warrens [43] に詳しい。

どれを使うかは分野によるが，医学・疫学方面では相対危険度（RR）やオッズ比（OR）（いずれも対数変換したもの）がよく用いられる。

どの効果量を使うかで迷ったら，オッズ比を使えばよい。Borenstein ほか [44] はオッズ比について次のように書いている：

> Many people find this effect size measure less intuitive than the risk ratio, but the odds ratio has statistical properties that often make it the best choice for a meta-analysis.

2×2より大きい表の「効果量」はクラメールの V でいいか，という話があるが，まずは効果量（第7章）の考え方に立ち戻ってデータの扱い方を考え直したほうがよいであろう．

連続量を大小または大中小に分けて 2×2 や 2×3 の表にした場合は，確実に元の連続量に立ち戻るほうがよい．n 段階の順序尺度の量は $1, 2, \ldots, n$ の得点に直すほうがよい．

5.7 マクネマー検定

マクネマー検定（McNemar's test，頭の「マ」にアクセント）は，対応のある t 検定に似ているが，結果が2値（「なし」と「あり」）に限られる場合に使う．

例えば，20人にプリテスト・ポストテストを受験させ，合格・不合格を調べたところ，次のようになったとする：

	合格	不合格
プリテスト	7	13
ポストテスト	14	6

プリテスト合格者は7人だが，ポストテスト合格者は14人に増えたので，成績は向上したように見える．しかし，フィッシャーの正確検定

```
> fisher.test(matrix(c(7,14,13,6), nrow=2))
```

をしてみると，$p = 0.056$ で，5%水準で有意ではない．

ところが，プリテスト受験者とポストテスト受験者は同じ20人であるので，よく内訳を調べてみると，次のようになっていたとする：

	ポストテスト合格	ポストテスト不合格
プリテスト合格	6	1
プリテスト不合格	8	5

プリテスト・ポストテストの両方に合格した人や，両方に不合格であった人は，変化がないので，除外して考えると，不合格から合格に転じた人が8人もいるのに対して，合格から不合格に転じた人は1人しかいない．

マクネマー検定は，「どちらも合格」「どちらも不合格」を無視して，「不合格→合格」8人と「合格→不合格」1人の違いが有意かどうかを調べる検定である．

元々のマクネマー検定（Rの `mcnemar.test()`）は χ^2 検定を使うが，よく考えてみると，8人と1人の違いの検定は，「硬貨を9回投げて表が8回，裏が1回出たが，硬貨は大丈夫か」という2項検定のほうが厳密に計算できそうである：

5.7 マクネマー検定

```
> binom.test(1, 9)   # binom.test(8, 9) でも同じ

        Exact binomial test

data:  1 and 9
number of successes = 1, number of trials - 9, p-value = 0.03906
alternative hypothesis: true probability of success is not equal to 0.5
95 percent confidence interval:
 0.002809137 0.482496515
sample estimates:
probability of success
             0.1111111
```

$p = 0.039$ で，5％水準で有意になった。

✎ 元々のマクネマー検定では次のようになる：

```
> mcnemar.test(matrix(c(6,8,1,5), nrow=2))

        McNemar's Chi-squared test with continuity correction

data:  matrix(c(6, 8, 1, 5), nrow = 2)
McNemar's chi-squared = 4, df = 1, p-value = 0.0455
```

デフォルトは連続性の補正をする。補正をしないなら correct=FALSE オプションを与える。

✎ 要するにマクネマー検定は，「不合格」を 0，「合格」を 1 として，ポストテストとプリテストの差を**符号検定**（正か負かの 2 値に直して 2 項検定）していることになる。

✎ 符号検定の代わりに t 検定を使うことも可能である。そうすれば，「変化なし」の情報も捨てる必要はない：

```
> t.test(c(rep(0,11),rep(1,8),rep(-1,1)))   # 変化なし11個，増8個，減1個
```

$p = 0.015$ となる。

✎ そもそも「合格」「不合格」の 2 値ではなく，成績の測定をしっかりすれば，大手を振って，対応のある t 検定を使うことができる。もし査読者から「成績が正規分布していないので t 検定は不適当である」といったケチをつけられて t 検定をやめて上位群・下位群に 2 分してマクネマー検定を使うのであれば，残念というしかない。

✎ **exact2x2** パッケージの mcnemar.exact() を使えば，オッズ比とその信頼区間も求めることができる：

```
> mcnemar.exact(matrix(c(6,8,1,5), nrow=2))

        Exact McNemar test (with central confidence intervals)

data:  matrix(c(6, 8, 1, 5), nrow = 2)
b = 1, c = 8, p-value = 0.03906
alternative hypothesis: true odds ratio is not equal to 1
95 percent confidence interval:
 0.00281705 0.93235414
```

```
          sample estimates:
          odds ratio
                0.125
```

2項検定と同じ $p = 0.039$ が得られる。また，オッズは 1:8 つまり 0.125 であるが，効果がない場合のオッズ 1:1 と比較して，オッズ比は 0.125 になり，その 95％信頼区間が [0.003, 0.932] であることも出力される。

✎ mcnemar.exact() は binom.test() ではなく **exactci** パッケージの binom.exact() を使っている。すでに述べたように，これは binom.test() より binom.exact() のほうが正確だからというわけではなく，方法が違っているだけである。

Chapter 6

連続量の扱い方

6.1 誤差，不確かさ，検定

　伝統的には，測定値（一般に何らかのパラメータの推定値）は，真値に**誤差**（error）が加わったものと考える。これに対して，真値を仮定せず，誤差の代わりに**不確かさ**（uncertainty）という言葉を使う流れがある [45]。誤差と不確かさには，考え方の違いがあるが，以下ではこの違いをあまり気にせず説明する。

　誤差・不確かさには，測定ごとにランダムに入り込むもの（**統計誤差**, statistical error，Type A の不確かさ）と，それ以外のもの（**系統誤差**, systematic error，Type B の不確かさ）がある。これらを合成（combine）したものが最終的な誤差・不確かさである。合成には 19 ページの式 (2.2) を用いる。

　1σ（σ = 標準偏差）に相当する誤差・不確かさを，**標準誤差**（standard error）・**標準不確かさ**（standard uncertainty）という。これはほぼ 68％信頼区間の片側の幅に相当する。

　$k\sigma$（2σ や 3σ）に相当する不確かさを**拡張不確かさ**（expanded uncertainty）といい，k（2σ なら 2）を**包含係数**（coverage factor）という。$k = 2$ の拡張不確かさはほぼ 95％信頼区間の片側の幅に相当する。

　以下では誤差という語をおもに用いるが，不確かさと言い換えてかまわない。

　統計誤差は，一般に，時間をかけて何度も測定して平均をとれば，減らすことができる。第 2 章で述べたように，誤差が互いに独立であれば，測定回数を m 倍にすれば，統計誤差は $1/\sqrt{m}$ になる。つまり，統計誤差を 1 桁減らすには，測定回数を 100 倍にしなければならない。統計誤差が測定回数の平方根に反比例することはぜひ覚えておきたい。

> 　念のため，上述のことは正規分布かどうかによらず成り立つ。これは，独立な確率変数 X, Y の和の分散が分散の和になること，つまり $V(X + Y) = V(X) + V(Y)$ を思い出せば，簡単に示すことができる。測定回数を m 倍にすれば，測定値の和の分散も m 倍になり，測定値の和の標準偏差は $\sqrt{m}$ 倍になる。測定値の平均値はこれを m で割ったものであるので，その標準偏差は

$\sqrt{m}/m = 1/\sqrt{m}$ 倍になる。

これに対して，系統誤差は，いくら測定回数を増しても減らない。

具体的に，ある量 X を n 回測定した結果 $X_1, X_2, \ldots, X_n$ に基づいて，X の期待値 $\mu = E(X)$ を推定する問題を考えよう。

$\mu = E(X)$ は，X を無限回測定したときの平均値だと考えることができる：

$$\mu = \lim_{n \to \infty} \frac{X_1 + X_2 + \cdots + X_n}{n}$$

しかし無限回の測定は現実には無理なので，例えば 10 回の測定から μ を推定する必要がある。

具体的な問題で説明しよう。ある値を測定する実験を 10 回行ったところ，1 回目は -0.59，2 回目は -0.06，…などという結果を得た。毎回の測定結果をベクトルの形にまとめると，次のようになった：

```
> X = c(-0.59, -0.06,  0.14, -0.52,  0.73, -0.08, -0.71, -1.73,  0.69, -1.78)
```

この平均と標準偏差は次のとおりである：

```
> mean(X)
[1] -0.391
> sd(X)
[1] 0.8688236
```

✎ 実はこのデータは私が R に X = round(rnorm(10), 2) と打ち込んで生成したものである。

確率変数 X の分布はわからない。しかし，n 個取り出した値の平均値 $\bar{X} = (X_1 + \cdots + X_n)/n$ の分布は，中心極限定理から，正規分布に近いはずである。この意味は，n 個取り出して $\bar{X}$ を求めて記録し，また n 個取り出して $\bar{X}$ を求めて記録し……のように延々と繰り返せば，$\bar{X}$ がたくさんできるが，その分布がほぼ正規分布だということである。具体的に，元の X の平均，分散をそれぞれ μ, σ^2 とすれば，第 2 章で述べたように，$\bar{X}$ の分布は $\mathcal{N}(\mu, \sigma^2/n)$ に近い。ここでは特に μ がどれくらいの範囲にあるかを推定したいので，σ^2 のほうは邪魔な量である。$\sigma^2 \approx s^2 = ((X_1 - \bar{X})^2 + \cdots + (X_n - \bar{X})^2)/(n-1)$ で近似してもよいが，もっといい方法がある。X が $\mathcal{N}(\mu, \sigma^2)$ に従えば，σ^2 が未知であっても，

$$t = \frac{\bar{X} - \mu}{\sqrt{s^2/n}} \tag{6.1}$$

は自由度 $n-1$ の t 分布に従う。X が正規分布 $\mathcal{N}(\mu, \sigma^2)$ に従わない場合も，このことは近似的にいえる。

さきほどの 10 個のデータ X について，私が密かに母平均 $\mu = 0$ の乱数で生成したという帰無仮説を検定してみよう（実際には後述の t.test() という関数を使うほうが早いので，理屈の説明が不要ならそこまで飛んでいただきたい）。

母平均 $\mu = 0$ を仮定すれば，式 (6.1) に $\mu = 0$ を入れた $\bar{X}/\sqrt{s^2/10}$ は自由度 9 の t 分布にほぼ従う。データからこの値を求めてみると，

```
> mean(X) / sqrt(var(X) / 10)
[1] -1.423132
```

であるので，これが自由度9の t 分布として大きすぎないかを調べればよい。そのためには32ページで述べた `pt()` という関数を使う。$|\bar{X}/\sqrt{s^2/10}| \geq 1.423132$ となる確率は

```
> 2 * pt(-1.423132, 9)
[1] 0.1884239
```

つまり，観測された以上の $|\bar{X}/\sqrt{s^2/10}|$ を得る確率は約 0.19 である。この $p=0.19$ がこの場合の p 値である。この $p=0.19$ は小さくないので，$\mu=0$ という帰無仮説はこの10個の測定結果と矛盾しない。つまり，私が「このデータは母平均 $\mu=0$ の乱数で生成したよ」と主張しても，「それはウソだろう」とは言えない。また，このデータが新しいダイエット法を試した10人の体重の変化だと言われれば，そのダイエットの効果は統計的に有意ではないと言える。

$\mu=0$ 以外の $(\bar{X}-\mu)/\sqrt{s^2/10}$ についても同様である。また，片側 p 値が 0.025 になるような μ の2個の値を両端とする範囲が95％信頼区間であることも，他の分布と同様である。具体的には，

```
> qt(0.025, 9)
[1] -2.262157
> qt(0.975, 9)
[1] 2.262157
```

したがって，95％信頼区間は
$$-2.26 \leq \frac{\bar{X}-\mu}{\sqrt{s^2/10}} \leq 2.26$$
つまり
$$\bar{X} - \frac{2.26s}{\sqrt{10}} \leq \mu \leq \bar{X} + \frac{2.26s}{\sqrt{10}}$$
これに $\bar{X} = $ `mean(X)` $= -0.391$, $s = $ `sd(X)` $= 0.8688236$ を代入して，μ の95％信頼区間
$$-1.01 \leq \mu \leq 0.23$$
を得る。

これは，$-1.01 \leq \mu \leq 0.23$ の範囲の $\mathcal{N}(\mu, \sigma^2)$ が「帰無仮説」であれば，得られたデータはそれと矛盾しない（5％水準で棄却されない）という意味であることに注意する。μ が $-1.01 \leq \mu \leq 0.23$ を満たす確率が95％という意味では断じてない（μ は確率変数ではない）。

✎ 頻度主義統計学の立場では，95％の確率で成り立つ式
$$-2.26 \leq \frac{\bar{X}-\mu}{\sqrt{s^2/10}} \leq 2.26$$
の確率変数は $\bar{X}$ と s である。これを変形した95％信頼区間の式
$$\bar{X} - \frac{2.26s}{\sqrt{10}} \leq \mu \leq \bar{X} + \frac{2.26s}{\sqrt{10}}$$

では，区間の両端 $\bar{X} \pm 2.26s/\sqrt{10}$ が確率変数で，真ん中の μ は（未知の）定数である。これにデータから得られる $\bar{X}$ や s を入れて $-1.01 \leq \mu \leq 0.23$ とした段階で確率変数が見えなくなってしまうが，$-1.01 \leq \mu \leq 0.23$ の -1.01 と 0.23 が確率変数の実現値であり，これがデータごとに変化して，結果的に 95% の確率で成り立つのである。このような解釈ができるのは連続変数だからで，離散変数の場合は $\bar{X}$ の実現値がとびとびの値をとるため，ぴったり 95% の確率で成り立つ不等式は作れない。このような離散変数の場合も含めて，「$-1.01 \leq \mu \leq 0.23$ の範囲の「帰無仮説」であれば 5% 水準で棄却されない（この範囲外であれば棄却される）」という解釈はつねに成り立つ。

長い議論が続いたが，ここまで述べたことを簡単に行うための関数 `t.test()` がある：

```
> t.test(X)

        One Sample t-test

data:  X
t = -1.4231, df = 9, p-value = 0.1884
alternative hypothesis: true mean is not equal to 0
95 percent confidence interval:
 -1.0125190  0.2305190
sample estimates:
mean of x 
   -0.391
```

これで $\mu = E(X) = 0$ という帰無仮説についての p 値および μ の 95% 信頼区間がそれぞれ $p = 0.1884$，$-1.0125190 \leq \mu \leq 0.2305190$ であることがわかる。報告する際には $p = 0.19$，$-1.01 \leq \mu \leq 0.23$ のような概数にする。信頼区間は $[-1.01, 0.23]$ のような形で報告することが多い。

6.2　2標本の差の t 検定

確率変数 X から引き出した m 個の値 $X_1, X_2, \ldots, X_m$ と，確率変数 Y から引き出した n 個の値 $Y_1, Y_2, \ldots, Y_n$ があったとする。これらの母平均が等しい（$E(X) = E(Y)$）という仮説を検定してみよう。

それぞれの標本平均は

$$\bar{X} = \frac{X_1 + X_2 + \cdots + X_m}{m}, \quad \bar{Y} = \frac{Y_1 + Y_2 + \cdots + Y_n}{n}$$

標本分散は

$$s_X^2 = \frac{(X_1 - \bar{X})^2 + \cdots + (X_m - \bar{X})^2}{m - 1}, \quad s_Y^2 = \frac{(Y_1 - \bar{Y})^2 + \cdots + (Y_n - \bar{Y})^2}{n - 1}$$

である。

分散が等しいと仮定できる場合　二つの標本を合わせて次の式で分散の推定値 s^2 を求める（このように合わせることを**プール**するという）：

$$s^2 = \frac{(X_1 - \bar{X})^2 + \cdots + (X_m - \bar{X})^2 + (Y_1 - \bar{Y})^2 + \cdots + (Y_n - \bar{Y})^2}{m+n-2}$$
$$= \frac{(m-1)s_X^2 + (n-1)s_Y^2}{m+n-2}$$

これをプールされた分散（pooled variance）と呼ぶ。このとき，

$$t = \frac{\bar{X} - \bar{Y}}{\sqrt{s^2(\frac{1}{m} + \frac{1}{n})}}$$

は自由度 $m+n-2$ の t 分布に従う（厳密にこれが言えるのは X も Y も同じ正規分布 $\mathcal{N}(\mu, \sigma^2)$ に従うときである）。

分散が等しいと仮定できない場合　一般には，X の母分散も Y の母分散も不明であるなら，それらが等しいかどうかも不明のはずである。この場合によく用いられる方法は，

$$t = \frac{\bar{X} - \bar{Y}}{\sqrt{s_X^2/m + s_Y^2/n}}$$

が近似的に自由度

$$\nu = \frac{(s_X^2/m + s_Y^2/n)^2}{\frac{(s_X^2/m)^2}{m-1} + \frac{(s_Y^2/n)^2}{n-1}}$$

の t 分布に従うことを使うものである。これを**ウェルチの t 検定**（Welch's t-test）という（[46]，Welch 以外に Satterthwaite と Smith の名前も冠することがある）。この自由度 ν は整数にならないが，t 分布は ν が整数でない場合にも拡張できる。

例題　5段階で答えるアンケートで，1～5 までの度数がそれぞれ 2, 3, 4, 3, 2 である A 群と，0, 2, 4, 5, 3 である B 群とを比べよ。

関数 t.test() を使う。この関数は，デフォルトでは等分散を仮定しない（等分散を仮定する場合には var.equal=TRUE というオプションを与える）。

```
> A = rep(1:5, c(2,3,4,3,2))    # A=c(1,1,2,2,2,3,3,3,3,4,4,4,5,5)と同じ
> B = rep(1:5, c(0,2,4,5,3))    # B=c(2,2,3,3,3,3,4,4,4,4,4,5,5,5)と同じ
> table(A)                      # 念のため確認
A
1 2 3 4 5
2 3 4 3 2
> table(B)
B
2 3 4 5
2 4 5 3
> t.test(A, B)                  # 等分散を仮定しないt検定

        Welch Two Sample t-test
```

```
data:  A and B
t = -1.4615, df = 24.476, p-value = 0.1566
alternative hypothesis: true difference in means is not equal to 0
95 percent confidence interval:
 -1.5497688  0.2640545
sample estimates:
mean of A mean of B
 3.000000  3.642857

> t.test(A, B, var.equal=TRUE)   # 等分散を仮定したt検定

        Two Sample t-test

data:  A and B
t = -1.4615, df = 26, p-value = 0.1559
alternative hypothesis: true difference in means is not equal to 0
95 percent confidence interval:
 -1.5470216  0.2613074
sample estimates:
mean of A mean of B
 3.000000  3.642857
```

Aの平均3.00よりBの平均3.64のほうが大きいが，等分散を仮定してもしないでも $p = 0.16$ で，両者（3.00と3.64）に統計的に有意な差はないといえる。また，両者の差の95％信頼区間は $[-1.55, 0.26]$ である。

- ✎ 繰り返しになるが，有意な差はないという意味は，差がないことが証明されたということではなく（差は必ずある），どちらが大きいかを判断するには標本が小さすぎるという意味である。また，仮に統計的に有意な差があったとしても，実質的に意味のある差があるとは限らない。

- ✎ 統計的に有意な差と実質的に意味のある差との違いを説明する次のような冗談がある。ある食堂の飯の大盛りと小盛りは差がないという風評を反証するために，100杯ずつ調べると，大盛り1杯の重さの標準偏差は10g，小盛り1杯の重さの標準偏差は10g，大盛りと小盛りの重さの平均の差は3gであった。t検定すると $p = 0.035$ で，5％水準で統計的に有意な差があることが示された。でも，3gでは，差の標準偏差が $\sqrt{10^2 + 10^2} = 14.1$ であることを考えれば，実質的に意味のある差（値段の違いに見合った差）とは言えない。仮に差が0.3gであったとしても，1万杯ずつ調べれば有意になる。仮に差が0.03gであったとしても，100万杯ずつ調べれば有意になる。

- ✎ Rには分散が等しいという帰無仮説を検定するための関数 var.test() もある。これを使って，まず「分散が等しい」という帰無仮説が棄却されるかどうかを調べ，その結果に従って，等分散の t 検定か非等分散の t 検定かをする，という2段階検定を薦める人が非常に多い。おそらく「分散が等しい」という帰無仮説が棄却されなかったことで分散が等しいことが結論づけられるという誤解から来るのであろうが，帰無仮説が棄却されなかったことと帰無仮説が正しいこととはまったく別のことである。このような方法では正しい確率が求められないことは，次のような2段階検定のシミュレーションで示すことができる。

```
        f = function() {
          x = rnorm(10, mean=0, sd=1.5)
```

```
    y = rnorm(30, mean=0, sd=1.0)
    vp = var.test(x, y)$p.value
    t.test(x, y, var.equal=(vp >= 0.05))$p.value
}
p = replicate(1000, f())
mean(p < 0.05)
```

上のシミュレーションは，$\sigma=1.5$ の正規分布の乱数を 10 個，$\sigma=1.0$ の正規分布の乱数を 30 個作って，両者の分散に 5% 水準で有意な差があれば等分散を仮定しない t 検定，有意な差がなければ等分散を仮定した t 検定をして p 値を求め，それが 5% 水準で有意になる割合を求めている。$p<\alpha$ の確率は α に等しくなるはずであるから，上のプログラムの出力は 0.05 になればつじつまが合う。実際の結果（上で 1000 とした繰返し数を 1000000 に増やして実行した）は次のようになった。

	$\alpha=0.05$	$\alpha=0.01$
等分散を仮定した t 検定	0.107469	0.033762
2 段階，0.05	0.080198	0.024796
2 段階，0.2	0.064214	0.01855
等分散を仮定しない t 検定	0.051515	0.011337

「2 段階，0.2」と書いたのは，上のシミュレーションで vp >= 0.05 を vp >= 0.2 に直したものである。このように，等分散を仮定しない t 検定が最も良い結果を与える。

✎ R の t.test() の引数にはデータそのものを指定する仕様になっているが，個数 1，平均 1，標準偏差 1，個数 2，平均 2，標準偏差 2 を与えて等分散・非等分散の t 検定をする関数は次のように書くことができる。標準偏差は $n-1$ で割る方式であることに注意されたい。

```
ttest = function(n1, x1, s1, n2, x2, s2) {
  n = n1 + n2 - 2
  u = ((n1 - 1) * s1^2 + (n2 - 1) * s2^2) / n
  t = (x1 - x2) / sqrt(u / n1 + u / n2)
  r = cat("Equal variance:\n\t", sep="")
  r = cat(r, "t = ", t, ", df = ", n, ",
          p = ", 2 * pt(-abs(t), n), "\n", sep="")
  t = (x1 - x2) / sqrt(s1^2 / n1 + s2^2 / n2)
  n = (s1^2 / n1 + s2^2 / n2)^2 /
      ((s1^2 / n1)^2 / (n1-1) + (s2^2 / n2)^2 / (n2-1))
  r = cat(r, "Unequal variance:\n\t", sep="")
  cat(r, "t = ", t, ", df = ", n, ", p = ", 2 * pt(-abs(t), n), "\n", sep="")
}
```

✎ 第 12 章でも詳しく述べるが，段階で答えるいわゆるリッカート（Likert）型のデータは，例えば 5 段階なら $1<2<3<4<5$ という順序関係はあるものの，間隔に意味はない。つまり，順序尺度であるが，間隔尺度ではない。したがって，中央値は意味があるが，平均値は意味がないという批判もある。しかし，中央値では段階が限られてしまい，粗い結果しか得られない。平均値なら，分布にかかわらず中心極限定理によりほぼ正規分布になり，t 検定を使っても差し支えない。

✎ 順序尺度の平均値としては，高校の 5 段階評価（1〜5）の評定平均値，大学の 5 段階評価（0〜4，0 は「不可」）の平均値 GPA（Grade Point Average），ネッ

トショップの商品評価（★が1〜5個）の平均値などがある。

> 上の例題で使ったような14人×2組の5段階のデータで t 検定を使うことに意味があるかどうか，簡単なシミュレーションで確かめてみよう。母集団の分布を1〜5の一様分布と仮定し，乱数で14人×2組のデータを生成し，p 値を求め，$p < 0.05$ となる確率を求めてみる。

```
f = function() {
  x = sample(1:5, 14, replace=TRUE)
  y = sample(1:5, 14, replace=TRUE)
  t.test(x, y)$p.value
}
p = replicate(100000, f())
mean(p < 0.05)
```

結果はほぼ 0.05 に近く，このような場合にも t 検定は甘すぎたり辛すぎたりしないことがわかる。

6.3 一元配置分散分析

右の図 6.1 のように，7 個の値 $(1,3,5,8,5,4,2)$ からなるデータが，3 グループ $(1,3), (5,8,5), (4,2)$ に分かれているとしよう。R の書き方では

```
x = c(1,3,5,8,5,4,2)        # データ
g = factor(c(1,1,2,2,2,3,3)) # グループの分かれ方
```

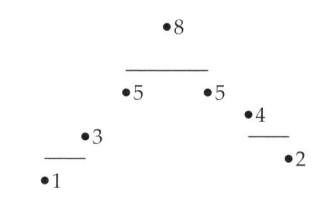

となる。図の横棒は各グループの平均（それぞれ 2, 6, 3）である。このデータについて，グループ間の変動は，グループ内の変動より大きいといえるであろうか。

図 6.1　一元配置分散分析

もうちょっと現実的な例でいえば，3 学級の学年で統一テストを行ったところ，クラス内での点数のばらつきに対して，クラス間のばらつきのほうが大きいといえるであろうか。あるいは，患者をランダムに 3 群に分けて 3 種類の薬を与えたときのデータで，薬の効果は患者間のばらつきより大きいといえるであろうか。つまり，t 検定が 2 群までであったものを，3 群以上に拡張したい。このようなときに使われる次のような方法を**一元配置分散分析**という。

最初の問題に戻ると，元のデータ x は 7 個の値からなるので，自由度が 7 個である（英語では x has seven degrees of freedom）。

各値をグループの平均で置き換えたものは，自由度が 3 個になる：

```
> y = ave(x, g)
> y
[1] 2 2 6 6 6 3 3
```

全部の値を全体の平均 4 で置き換えたものは，自由度が 1 個になる：

```
> z = ave(x)
> z
[1] 4 4 4 4 4 4 4
```

y から z を引いたもの

```
> y - z
[1] -2 -2  2  2  2 -1 -1
```

は，自由度 $3-1=2$ である。異なった値が 3 個なので自由度 3 のように見えるが，全部の合計が 0 に固定されているので，自由度は一つ少ない。この 2 乗和（平方和）は 22 である：

```
> sum((y - z)^2)
[1] 22
```

この値は，グループ内での変動を消してグループ間の変動だけにしたものの 2 乗和であり，群間平方和（級間平方和，sum of squares between groups）の意で SS_{between} と書くことにする。

x が標準正規分布なら，この 2 乗和の分布は自由度 2 のカイ 2 乗分布である。

同様に，x から y を引いたもの

```
> x - y
[1] -1  1 -1  2 -1  1 -1
```

は，自由度 $7-3=4$ である。7 個の値があるが，最初の 2 個の和は 0，次の 3 個の和も 0，最後の 2 個の和も 0 という 3 個の条件があるので，自由度が 3 個減っている。この 2 乗和は 10 である：

```
> sum((x - y)^2)
[1] 10
```

この値は，さきほどとは逆に，グループ内での変動だけを取り出したものの 2 乗和であり，群内平方和（級内平方和，sum of squares within groups）の意で SS_{within} と書くことにする。

x が標準正規分布なら，この 2 乗和の分布は自由度 4 のカイ 2 乗分布である。

ベクトル $x-y$ と $y-z$ は直交する（なぜならば，$y-z$ の同じ値の成分が続くグループ内で $x-y$ の成分の和は 0 であるから，内積をとると 0 になる）ので，それらの 2 乗和の和は $x-z$ の 2 乗和になる：

```
> sum((x - z)^2)
[1] 32
```

これを SS_{total} と書くことにする。つまり，

$$SS_{\text{total}} = SS_{\text{within}} + SS_{\text{between}}$$

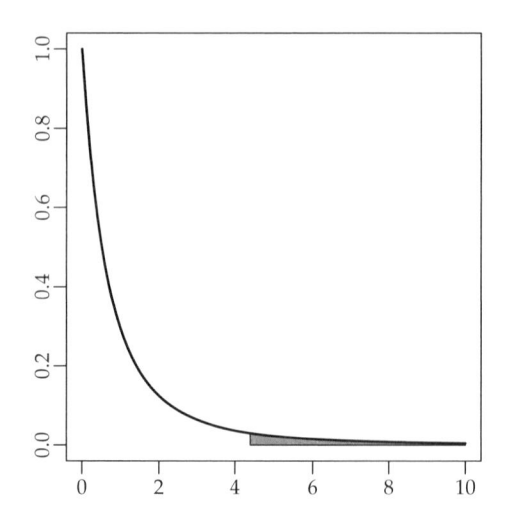

図 6.2　自由度 (2,4) の F 分布の密度関数の 4.4 以上の面積は約 10％である。

ということになる。ここで，比

```
> (sum((y-z)^2) / 2) / (sum((x-y)^2) / 4)
[1] 4.4
```

を考える。分子 (sum((y-z)^2) / 2) は SS_between をその自由度 2 で割ったもので，分母 (sum((x-y)^2) / 4) は SS_within をその自由度 4 で割ったものである。ここでもし x の分布が正規分布なら，この比の分布は自由度 (2,4) の F 分布である（第 2 章参照）。したがって，

```
> 1 - pf(4.4, 2, 4)
[1] 0.09765625
```

で上側確率が出る。つまり，比 (sum((y-z)^2) / 2) / (sum((x-y)^2) / 4) が 4.4 以上になる確率は約 10％である（図 6.2）。グループ内の変動に比べて，グループ間の変動がこれ以上に大きくなる確率は 10％ほどあり，5％水準では有意といえない。

> ✎ 1 - pf(4.4, 2, 4) は pf(1/4.4, 4, 2) と同じことである。

以上のことをもっと簡単に行うのが，線形モデルをあてはめる関数 lm() と，あてはめたモデルの分散分析を行う関数 anova() である。

```
> anova(lm(x ~ g))
```

結果は伝統的な分散分析表である：

```
Analysis of Variance Table

Response: x
          Df Sum Sq Mean Sq F value  Pr(>F)
g          2   22.0    11.0     4.4 0.09766 .
Residuals  4   10.0     2.5
```

```
---
Signif. codes:  0 '***' 0.001 '**' 0.01 '*' 0.05 '.' 0.1 ' ' 1
```

同じ表は summary(aov(x ~ g)) でも出力できる。

Df が自由度 (degrees of freedom)，Sum Sq が 2 乗和 (平方和, sum of squares)，Mean Sq が 2 乗和を自由度で割ったもの（平均平方, mean squares），F value が F の値，Pr(>F) がこの F 値以上（$\geq$）の F 値が出る確率（p 値）である。その右側のピリオドは，下に凡例が出ているように，$0.05 \leq p < 0.1$ であることを示す。

もっと簡潔な出力が次のコマンドで得られる：

```
> oneway.test(x ~ g, var.equal=TRUE)
```

この var.equal=TRUE は分散が等しいことを仮定するという意味である。実は oneway.test() のデフォルトは，t 検定のときの Welch の方法と同じ方法で，等分散を仮定しないで分散分析をする：

```
> oneway.test(x ~ g)

        One-way analysis of means (not assuming equal variances)

data:  x and g
F = 3.3913, num df = 2.0, denom df = 2.4, p-value = 0.1998
```

なお，2 群の比較の場合，分散分析と t 検定とは同じことである。

✎ 以上は正規分布を仮定した伝統的な分散分析である。正規分布を仮定せずに，x のすべての (2,3,2) 分割について，上の sum((y-z)^2) に相当するもの（グループ間の変動の 2 乗和）が実際の値以上になる確率を求めてみよう：

```
x = c(1,3,5,8,5,4,2)         # データ
g = factor(c(1,1,2,2,2,3,3)) # グループの分かれ方
ssq0 = sum((ave(x,g) - ave(x))^2) # 群間2乗和
c1 = combn(7, 3)
c2 = combn(4, 2)
n1 = ncol(c1)
n2 = ncol(c2)
ssq = numeric(0)
for (i in 1:n1) {
    a = c1[,i]
    g[a] = 1
    b = setdiff(1:7, a)
    for (j in 1:n2) {
        g[b[c2[,j]]] = 2
        g[b[-c2[,j]]] = 3
        ssq = append(ssq, sum((ave(x,g)-ave(x))^2))
    }
}
mean(ssq >= ssq0)
```

結果は 0.06666667 で，正規分布を仮定した値 0.09766 より若干小さくなった。

✎ 上の oneway.test(x ~ g) に相当するノンパラメトリックな（分布を仮定しな

い）検定にクラスカル・ウォリス検定（Kruskal-Wallis test）がある：

```
> kruskal.test(x ~ g)

        Kruskal-Wallis rank sum test

data:  x by g
Kruskal-Wallis chi-squared = 4.8, df = 2, p-value = 0.09072
```

Chapter 7

効果量，検出力，メタアナリシス

7.1 効果量（effect size）

ある薬の効果を調べたら $p < 0.05$ で有意だった。有意差でた！ よかった♡
でも，これでは，$p = 0.049$ なのか $p = 0.0000001$ なのかわからない。どうせ p 値を書くのなら，$p < 0.05$ のような不等式ではなく，具体的に $p = 0.023$ などと書くほうがよい。何かにつけ引き合いに出される American Psychological Association（米国心理学会）の APA Manual [47] の 114 ページにも

> When reporting p values, report exact p values (e.g., $p = .031$) to two or three decimal places. However, report p values less than .001 as $p < .001$.

と明記されている（最後の部分は心理学以外では異論があるかもしれない）。

さらに言えば，そもそも，p 値は効果の大きさを表す量ではない。具体的に，例えば「収縮期血圧が平均 5 mmHg 下がった。95 % 信頼区間は [3,7] だった」と書くほうがよい（[3,7] は $3 \leq x \leq 7$ の範囲の x という意味）。これで効果の大きさがわかるし，信頼区間に 0 が含まれないことから，「効果がない」という帰無仮説が $p < 0.05$ で棄却されることもわかる。

別の例：「この勉強法を使うと，学校の試験の成績が偏差値にして平均 2 ポイント上がった。95 % 信頼区間は [0,4] だった」。これは，効果が 0 という帰無仮説を棄却する・しないの境目にある。

このように，具体的な血圧とか偏差値といった他の実験と比べられる量すなわち**効果量**（effect size）と，その不確かさ（具体的には信頼区間または標準誤差）とを報告しようというのが時代の流れである（p 値も報告してよいが 95 % 信頼区間を見れば帰無仮説が $p < 0.05$ で棄却されるかどうかはすぐわかる）。

✎ APA Manual [47] でも同様なことが強調されている（p.33）：

> Historically, researchers in psychology have relied heavily on null hypothesis statistical significance testing (NHST) as a starting point for many (but not all) of its analytic approaches. APA stresses that NHST is but a starting point and that additional re-

porting elements such as effect sizes, confidence intervals, and extensive description are needed to convey the most complete meaning of the results. The degree to which any journal emphasizes (or de-emphasizes) NHST is a decision of the indivisual editor. However, complete reporting of all tested hypotheses and estimates of appropriate effect sizes and confidence intervals are the minimum expectations for all APA journals.

信頼区間 (confidence interval, CI) の報告は例えば $d = 0.65, 95\%$ CI $[0.35, 0.95]$ や $M = 30.5\,\mathrm{cm}, 99\%$ CI $[18.0, 43.0]$ のような形式で行うとされている (p. 117)。この 2 番目の例のように [ ] の中では単位は省略する。

✎ 効果量という言葉を物理量ではなく次に述べるコーエンの d のような標準化された量という意味で使う人もいる。

7.2 コーエン (Cohen) の d

偏差値の標準偏差は 10 である（偏差値の定義より）。したがって，偏差値が 2 ポイント改善したということは，標準偏差の 0.2 倍だけ改善したということである。この「標準偏差の何倍」という値を**コーエンの d** (Cohen's d) という。この勉強法による効果が Cohen's $d = 0.2$ だといえば，偏差値が 2 だけ上がったことになる。偏差値の平均は 50 であるから，この勉強法をした人の偏差値は平均 52 になったわけである。図 7.1 を見ても，$d = 0.2$ は，ほんのわずかである。

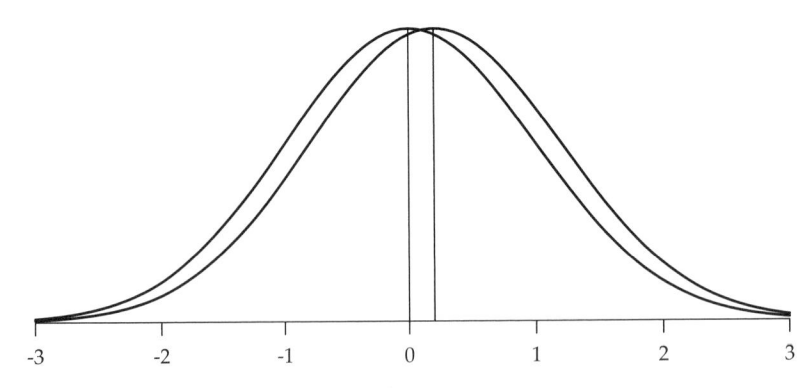

図 7.1　Cohen's $d = 0.2$ は，これくらいの違い。

```
curve(dnorm(x), lwd=2, xlim=c(-3,3),
      xlab="", ylab="", frame.plot=FALSE, yaxt="n", yaxs="i")
curve(dnorm(x,mean=0.2), lwd=2, add=TRUE)
segments(0, 0, 0, dnorm(0))
segments(0.2, 0, 0.2, dnorm(0))
```

Facebook でニュースフィードのポジティブなポストとネガティブなポスト

の割合をユーザごとに変えたところ，そのユーザの書き込みもそれに応じてポジティブ・ネガティブな語の割合が変わったという論文 [48] が 2014 年に話題になったが，そのときの効果量は Cohen's $d = 0.02$ だった．偏差値にして 0.2 ポイントの違いで，図 7.1 のようなグラフを描いてもほとんど重なってしまう．それでも Facebook のユーザはとても多いので $p < 0.001$ で有意となる．p 値だけを見て，すごい効果があると勘違いしてはならない．効果量を見なければならない．

Cohen's $d = 0.02$ の違いは Facebook 規模でないと示すのは難しそうなので，$d = 0.2$ の違いを考えよう．それでも，図 7.1 のように，かなり重なっている．でも，N 人を集めれば，その平均の分散は $1/N$ になる．処理をした群（実験群）と，何もしない群（対照群）をそれぞれ N 人集めれば，平均の差の分散は $2/N$ になる．$N = 200$ なら差の分散は $1/100$，標準偏差にすれば $1/10$ になる．$d = 0.2$ は元の標準偏差の 0.2 倍であったが，200 人の差の標準偏差の 2 倍になり，正規分布なら 1.96 以上なので $p < 0.05$ で有意である．実際には t 分布（自由度 398）を使うから 1.960 でなく 1.966 が境目だが，たいした違いではないので，以下では正規分布で話を進める．

> もともとの Cohen's d は，両群の平均値の差を，両群をプール（95 ページ参照）した標準偏差 $\sqrt{((n_1-1)s_1^2 + (n_2-1)s_2^2)/(n_1+n_2-2)}$ で割ったものである．これには若干のバイアスがある．通常は気にすることはないが，補正するには d に $1 - 3/(4(n_1+n_2) - 9)$ を掛ける．この補正を掛けた値を Hedges's g と呼ぶ．Cohen's d は **effsize** パッケージの `cohen.d()` で求めることができる．
>
>   cohen.d(x, y, hedges.correction=TRUE)
>
> のようなオプションを与えると Hedges の補正をする．一方，標準偏差をプールしないで，基準となる群（対照群）の標準偏差を基準とすべきであるという議論もある．こうして求めたものを Glass's Δ ということがある．

7.3　α と β と検出力

図 7.2 で横軸の真ん中 $x = 0$ を中心に描いた曲線は標準正規分布 $\mathcal{N}(0, 1)$ の密度関数である．濃い灰色の部分はその $x = \pm 1.96$ の外側である．実際の測定値がここに入れば危険率 $\alpha = 0.05$ で帰無仮説を棄却するというのが（後述の β も含めて）通常の（Neyman-Pearson 流の）統計学の考え方である．この $\alpha = 0.05$ は「帰無仮説 H_0 が正しいのに H_0 を棄却してしまう確率」である．

ところで，真の効果量（標本誤差を含まない仮説的な真の値）が $x = 2$ のところにあったとしよう．この仮説を，帰無仮説 H_0 と対比させて，対立仮説 H_1 と呼ぶ（H_1 は無数にある対立仮説の一つである）．$x = 2$ はさきほどの帰無仮説を棄却する範囲に入っているが，実際の測定値（標本誤差を含む）は $x = 2$

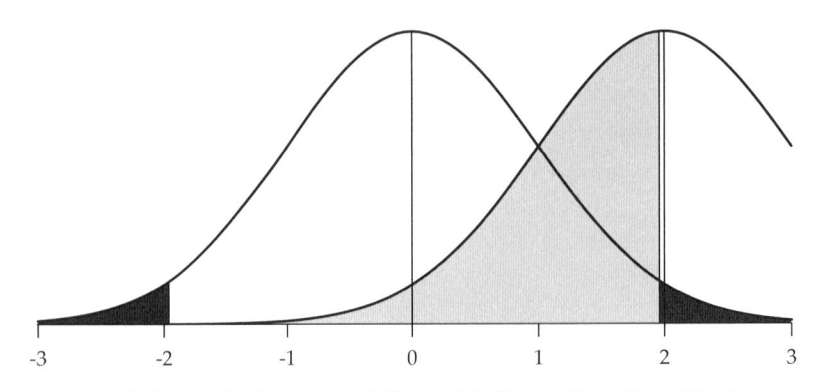

図7.2　中央の曲線が帰無仮説 H_0，右の曲線が対立仮説 H_1，濃い灰色の面積が $\alpha = 0.05$，薄い灰色の面積が β

のまわりに図7.2の $x = 2$ を中心とした曲線のように分布するので，帰無仮説を棄却できない可能性（つまり実際の測定値が図の薄い灰色の部分に入る確率 β）は 1/2 より少し小さい（右側の曲線も標準正規分布なら $\beta = 0.484$ ほど）。この β は「対立仮説 H_1 が正しいのに帰無仮説 H_0 を棄却できない確率」である。

この対立仮説 H_1 による測定値の分布（$\mu = 2$ のまわりの分布）のうち β 以外の部分，つまり「対立仮説 H_1 が正しいと仮定して帰無仮説 H_0 が棄却される確率」$1 - \beta$ を**検出力**（statistical power, power）と呼ぶ。図7.2の右側の曲線の下の，薄い灰色以外の部分，つまり $x \geq 1.96$ の部分の面積 $1 - \beta = 0.516$ が，検出力に相当する（厳密にいえば両側検定なので $x \leq -1.96$ の部分も含むが，こちら側はほぼ 0 である）。

検出力は，実験をする前に，想定される対立仮説 H_1 について，計画している実験の規模（例えば被験者の数 N）で十分かどうかを調べるために計算するものである。検出力が小さければ，もっと N を増やすことを考えればよい。

そういうわけで，「検出力を計算しよう」という流れが生じたが，実際問題として，実験をする前に効果量の真の値を見積もるのは困難である。そこで，実験をした後に，得られた測定値 x を対立仮説の母集団の平均値 μ と見なして，事後的に求めた検出力を報告することが一部で行われている。しかし，これでは，例えば図7.2のように $\alpha = 0.05$ で $p \approx 0.05$ なら必ず $1 - \beta \approx 1/2$ であるという具合に，α と p によって定まる値を求めているに過ぎず，意味がよくわからない（[49] 参照）。

α や β や検出力は Neyman-Pearson 流の考え方に深く根ざしている。一方で，科学者が最終的に知りたいのは，他の実験と比べられる量（効果量）とその不確かさ（信頼区間または標準誤差）であろう。結局は同じことではあるが，検出力を求めるより，適当な仮定のもとにシミュレーションで効果量とその不確かさを求めるというほうがわかりやすいのではなかろうか。

効果量を中心に据えた考え方を Cumming [50, 51] は「新しい統計学」と呼んでいる（*The New Statistics*, http://www.thenewstatistics.com/）。「新しい」というよりは，本来の科学の方法論に立ち戻った考え方である。

7.4　カーリー（Currie）の検出限界

次の図は，平均 $\mu = 0$ と $\mu = 3.29$，標準偏差 $\sigma = 1$ の二つの正規分布を描いたもので，帰無仮説 $H_0: \mu = 0$ に対して，片側 5％（$x \geq 1.645$，図 7.3 の濃い灰色の部分）に棄却域を設定したとき，対立仮説 $H_1: \mu = 1.645 \times 2 = 3.29$ に対して $\alpha = \beta = 0.05$ が得られることを示したものである。つまり，真の値が $\mu = 3.29$ であれば，誤差のために測定値がふらついたとしても，95％の確率で $x \geq 1.645$ の棄却域に測定値が入る。ここまでは正しい。

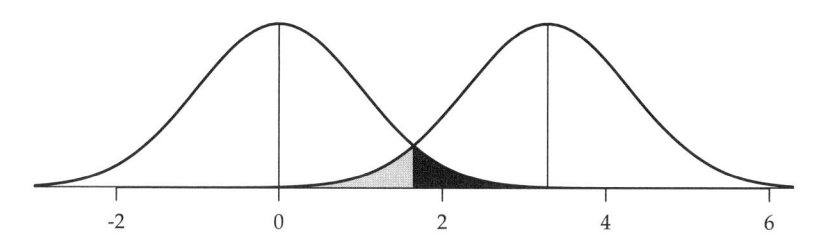

図 7.3　左の山は汚染がまったくない場合の測定値の分布で，測定値が右側 5％ の棄却域（1.645σ 以上）に入れば汚染があると判断する。右の山は 3.29σ の汚染がある場合の測定値の分布で，誤って汚染がないと判断される確率は 5％ である。この場合，3.29σ が Currie の検出限界であるが，それは測定値が 3.29σ を超えれば汚染があると判断するという意味ではなく，判断はあくまでも最初に決めた棄却域（1.645σ 以上）で行う。

このような α と β を同時に制御する点を minimum detectable activity (MDA) あるいは minimum detectable concentration (MDC) などと呼ぶ。これはロイド・カーリー Lloyd A. Currie（キュリー Curie ではない）による考え方で，よく誤解されて，誤検出の確率を 5％ に抑えるには測定値が 3.29σ 以上でなければならないといわれることがある。これはまったくの間違いで，誤検出の確率を片側 5％ に抑えたければ単純に 1.645σ で区切ればよい。

　　✎　解説として上本 [36] がわかりやすい。なお，Currie の σ はブランク（空試験値）の標準偏差であり，厳密には測定誤差と異なる。

放射性物質の検査では，検出限界未満の値は「ND」（Not Detected），検出限界以上の値は（信頼区間でなく）値をそのまま（誤差の程度も示さずに）報告する習慣が定着してしまった。

一つ一つが ND であっても，いくつか集まれば有意な情報が得られることがある（次の「メタアナリシス」参照）。科学研究としては，ND ではなく値とその不確かさ（標準誤差あるいは信頼区間）がそのまま報告されるのが望ましい。

　　✎　そうしないために，例えば「1000 個の検体を測定してすべて ND でした。検出限界は 10 です」と言えば「1000 個すべて 9.99 であるかもしれない」と邪推

する人が出る。実際は，1000 個すべて真値が 9.99 であれば，そのうちほぼ 500 個の測定値が 10 以上になり，「すべて ND」という結果と矛盾する。

7.5 メタアナリシス

伝統的な統計学では，$p < 0.05$ で帰無仮説を棄却（「有意」），そうでなければ帰無仮説を棄却しないといった二分法の考え方が支配的であった。その副作用として，例えばある薬がある病気に有用かどうか調べる研究がいくつか行われ，多くの研究が有意でない結果を出したとすると，「薬の効果はなさそうだ」という結論が出され，せっかくの有用な薬が広く利用されないといったことが起こり得た。しかし，有意でない結果でも，いくつか合わせれば有意な結果が導けるかもしれない。そのためには，「有意か有意でないか」の二分法をやめ，効果量とその不確かさ（標準誤差または信頼区間）を報告しなければならない（あるいはさらに良いのは匿名化された生データを公開することである）。

例えばある量を測定したとき，研究 1 では 2.5（95％ 信頼区間 $[-0.5, 5.5]$），研究 2 では 3.5（95％ 信頼区間 $[-0.5, 7.5]$）という結果が出たとする。帰無仮説が 0 であれば，0 はどちらの信頼区間にも含まれているので，どちらも有意な結果ではない。実際，正規分布を仮定すれば，研究 1 は $p = 0.102$，研究 2 は $p = 0.086$ 程度である。

この例では，95％ 信頼区間の幅の比は 3 : 4 である。誤差分散の比は，ほぼ信頼区間の長さの 2 乗に比例するので，9 : 16 程度である。**メタアナリシス**（meta-analysis，特に後述の固定効果モデル）では，この分散の逆数の比 1/9 : 1/16 を使って，二つの量を重み付けする。結果は $(1/9 \times 2.5 + 1/16 \times 3.5)/(1/9 + 1/16) = 2.86$ となる。この量の相対的な分散は $1/(1/9 + 1/16) = 5.76$ になる。$\sqrt{5.76} = 2.4$ であるので，95％ 信頼区間は $[2.86 - 2.4, 2.86 + 2.4]$ つまり $[0.46, 5.26]$ になる。これは $p = 0.020$ 程度に相当する。

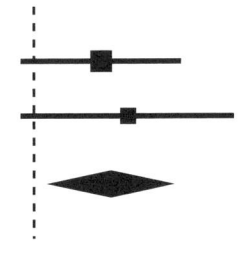

図 7.4 フォレストプロットの考え方

以上のことを図式的に描けば図 7.4 のようになる。このような図を**フォレストプロット**（forest plot，森林プロット）という。上の二つの横棒が，二つの研究の結果の信頼区間を表す。このような誤差（信頼区間）を表す棒を**エラーバー**（error bar）という。黒い正方形■は面積が重みに比例するように描く。下の菱形がメタアナリシスの結果である。縦線が帰無仮説（効果量 = 0）を表す。

この図からも，上の二つの信頼区間は帰無仮説（効果量 = 0）を含み，有意でないが，これらを合成したものは帰無仮説を含まず，有意であることがわかる。もっとも，$p < 0.05$ かどうかで二分するという考え方自体が，効果量とその誤差に重きをおく考え方とは相容れないものであるが。

このように，どの研究も同じ量を測定していると仮定する**固定効果モデル**（fixed-effect model）のメタアナリシスでは，誤差分散の逆数で重み付けする。X と Y が独立なら $V(aX+bY) = a^2 V(X) + b^2 V(Y)$ であるから，$a+b=1$ の条件下で，$a:b = \frac{1}{V(X)} : \frac{1}{V(Y)}$ のとき，重み付き和 $aX+bY$ の分散が最小値 $1/\left(\frac{1}{V(X)} + \frac{1}{V(Y)}\right)$ になる。研究の数が3個以上でも同様である。

メタアナリシスには，研究ごとに少しずつ違う量を測定している（研究ごとに異なるランダムな系統誤差がある）と仮定する**ランダム効果モデル**（random-effects model）もある。この場合は，誤差分散を統計誤差と系統誤差に振り分けなければならず，そのための方法がいろいろ提案されているが，研究数が少ない場合には，安定した振り分けは困難である。ただ，固定効果モデルよりランダム効果モデルのほうが合成量の誤差が大きく出るので，ランダム効果モデルを使うほうが安全側といえる（有意な結果が出にくい）。

> 有意な結果は出版されやすいけれども，そうでない結果は出版されずに，研究者のファイル庫に留まる傾向がある。これを**出版バイアス**（publication bias, 公表バイアス，お蔵入り問題，file drawer problem）という。つまり，出版された研究結果には偏りがある。したがって，出版された結果だけを集めてメタアナリシスしても正しい結果は得られない。なお，出版されていない有意でない結果がたくさんあったとしても，それらを含めると有意でなくなるとは限らない。場合によっては，さらに有意になる可能性もある。出版バイアスを調べるには，42ページに述べたような登録制度が有効である。また，横軸に効果量（例えば対数目盛のオッズ比），縦軸に実験の規模（例えばサンプルサイズ）をとった**ファンネルプロット**（funnel plot）から出版バイアスがある程度推測できることがある。

Rでメタアナリシスを行うパッケージには **meta**，**rmeta**，**metafor** などがある。ここでは **metafor** を解説する [52]。

```
install.packages("metafor")  # インストール
library(metafor)             # ライブラリを読み込む
data(dat.bcg)                # 例題データ「BCGワクチンの有効性」をロードする
```

例題データは，結核に対するBCGの有効性を調べた13の研究について，次の 2×2 表を列挙したものである。

	結核 +	結核 −
BCG接種群	*tpos*	*tneg*
対照群	*cpos*	*cneg*

効果量（ES：effect size）の計算は `escalc()` で行う。ここでは RR (log relative risk) を効果量とする。この関数の出力は，効果量の点推定値 `yi` とその分散 `vi` をデータに付け加えたものである。

```
dat = escalc(measure="RR", ai=tpos, bi=tneg, ci=cpos, di=cneg, data=dat.bcg)
```

これをもとにメタアナリシスを実行する。デフォルトはランダム効果モデ

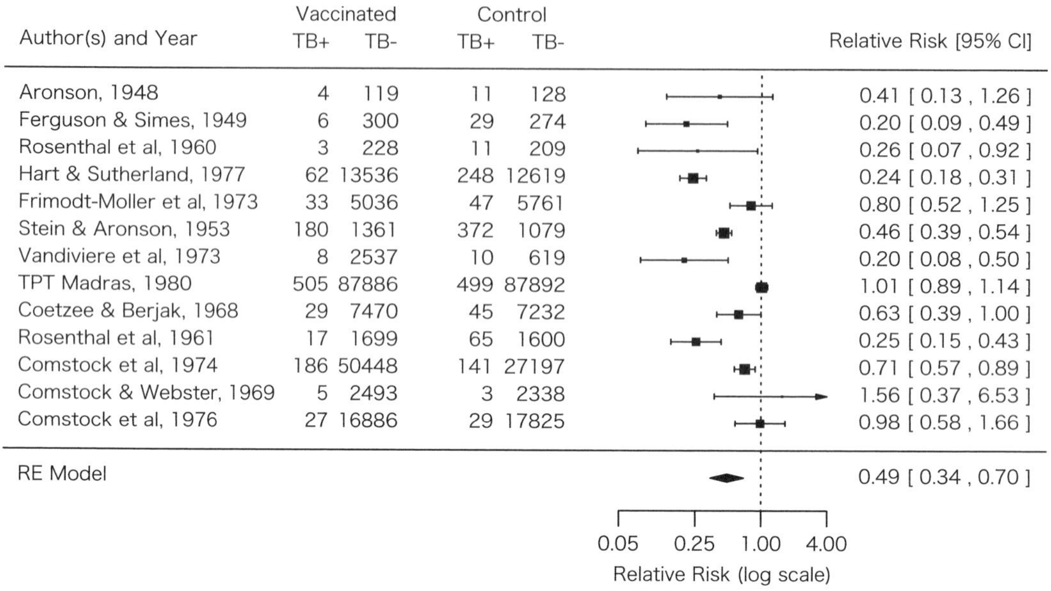

Author(s) and Year	Vaccinated TB+	TB-	Control TB+	TB-		Relative Risk [95% CI]
Aronson, 1948	4	119	11	128		0.41 [0.13 , 1.26]
Ferguson & Simes, 1949	6	300	29	274		0.20 [0.09 , 0.49]
Rosenthal et al, 1960	3	228	11	209		0.26 [0.07 , 0.92]
Hart & Sutherland, 1977	62	13536	248	12619		0.24 [0.18 , 0.31]
Frimodt-Moller et al, 1973	33	5036	47	5761		0.80 [0.52 , 1.25]
Stein & Aronson, 1953	180	1361	372	1079		0.46 [0.39 , 0.54]
Vandiviere et al, 1973	8	2537	10	619		0.20 [0.08 , 0.50]
TPT Madras, 1980	505	87886	499	87892		1.01 [0.89 , 1.14]
Coetzee & Berjak, 1968	29	7470	45	7232		0.63 [0.39 , 1.00]
Rosenthal et al, 1961	17	1699	65	1600		0.25 [0.15 , 0.43]
Comstock et al, 1974	186	50448	141	27197		0.71 [0.57 , 0.89]
Comstock & Webster, 1969	5	2493	3	2338		1.56 [0.37 , 6.53]
Comstock et al, 1976	27	16886	29	17825		0.98 [0.58 , 1.66]
RE Model						0.49 [0.34 , 0.70]

0.05 0.25 1.00 4.00
Relative Risk (log scale)

図 7.5 結核と BCG のフォレストプロット。Vaccinated（投与群）・Control（対照群）それぞれの TB+（結核あり）・TB-（結核なし）の数と，相対リスクとその信頼区間を表す。一番下が RE Model（ランダム効果モデル）による値。

ルの REML（restricted maximum-likelihood estimator）である（DerSimonian-Laird 法にするにはオプション method="DL" を指定する）。

```
res = rma(yi, vi, data=dat)
```

フォレストプロットを描く：

```
forest(res)
```

必要に応じて forest(res, family="Helvetica", mgp=c(2,0.6,0)) などのようにフォント名や軸とラベルの距離を指定する。

論文 [52] を参考にしていろいろいじった結果，図 7.5 のようになった。

```
forest(res, slab=paste(dat$author,dat$year,sep=", "),
       xlim=c(-16,6), at=log(c(0.05,0.25,1,4)), atransf=exp,
       ilab=cbind(dat$tpos,dat$tneg,dat$cpos,dat$cneg),
       ilab.xpos=c(-9.5,-8,-6,-4.5)+0.7, ilab.pos=c(2,2,2,2),
       cex=0.75)
text(c(-9.5,-8,-6,-4.5), 15, c("TB+","TB-","TB+","TB-"))
text(c(-8.75,-5.25), 16, c("Vaccinated","Control"))
text(-16, 15, "Author(s) and Year", pos=4)
text(6, 15, "Relative Risk [95% CI]", pos=2)
```

メタアナリシス全般については文献 [44] などを参照されたい。

Chapter 8

相関

8.1 準備体操

40個の正規分布の乱数を2組作って，それぞれを横軸，縦軸にとってプロットしてみよう：

```
> x = rnorm(40); y = rnorm(40); plot(x, y)
```

デフォルトの白丸では見にくいので，黒丸（pch=16）にしよう：

```
> x = rnorm(40); y = rnorm(40); plot(x, y, pch=16)
```

これから勉強する「相関係数」を上に書き加えてみよう：

```
> x = rnorm(40); y = rnorm(40); plot(x, y, pch=16, main=cor(x,y))
```

以上，何度もやって，散布図と相関係数の感覚をつかんでいただきたい（図8.1）。かなりの割合で，かなり0と離れた相関係数が見られるであろう。

わざと強い正の相関を与えてみよう：

```
> a = rnorm(40);  b = rnorm(40);   c = rnorm(40)
> x = a + c;  y = b + c
> plot(x, y, pch=16, main=cor(x,y))
```

aとc，bとcを混ぜる割合を変えれば相関が変わる。負の相関にするには，どちらかの+cを-cに変えればよい。

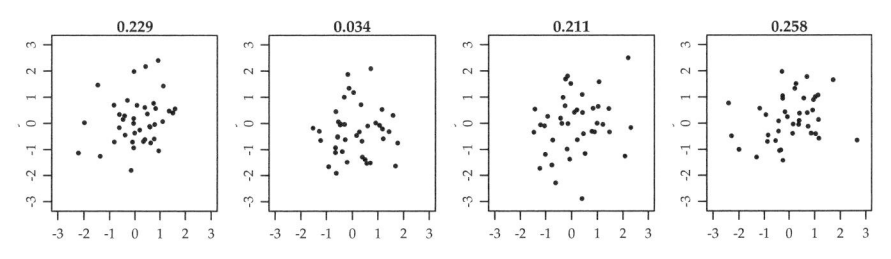

図8.1 ランダムなプロットとその相関係数

8.2 相関係数

2008年9月24日に就任した中山成彬(なりあき)国土交通相は,「日教組(日本教職員組合)が強いところは学力が低い」などの発言で,5日後の28日には辞職してしまう。

この「日教組が強いところは学力が低い」を反証するため,朝日新聞は2008年9月27日朝刊で13道府県の全国学力調査の中3数学Aの点数をもとに「相関なし」と結論づけている。しかし,この13道府県はどういう基準で選んだのか,なぜ中3数学Aなのか,疑問の残る記事になってしまった。紙面には「〈注〉科目は1位と最下位の県の得点差が最も大きいものを選びました」とあるが,まったく理由になっていない。恣意的に特定の科目を選んだととられないためには,全科目の総合得点を使うべきである。

朝日新聞の版によっては13道府県の日教組組織率を具体的な数字で挙げている。公開されている平成20年度全国学力・学習状況調査の都道府県別中学校全4科目正答率の合計と合わせて表にしておく。組織率データの信頼性については,ここでは不問とする。

都道府県	組織率(%)	正答率合計
北海道	50	237.9
岩手県	40	238.8
秋田県	50	270.2
富山県	50	270.1
福井県	90	276.3
静岡県	70	259.2
愛知県	60	256.6
大阪府	30	231.4
香川県	1	259.0
高知県	10	220.7
大分県	60	242.9
宮崎県	10	251.6
沖縄県	40	209.4

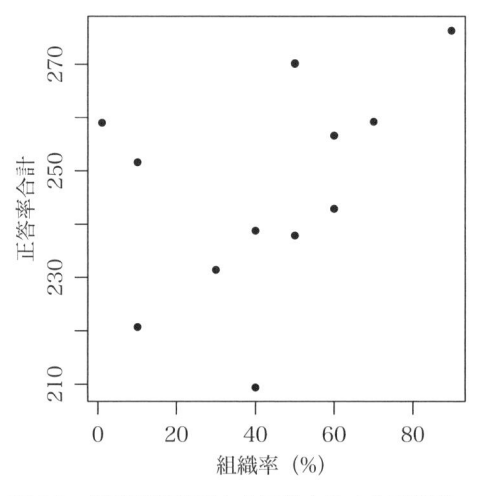

図8.2 日教組組織率と全国学力テスト正答率合計

このデータの散布図(相関図)を描いてみよう(図8.2)。

```
組織率 = c(50, 40, 50, 50, 90, 70, 60, 30, 1, 10, 60, 10, 40)
正答率合計 = c(237.9, 238.8, 270.2, 270.1, 276.3, 259.2, 256.6,
              231.4, 259, 220.7, 242.9, 251.6, 209.4)
plot(組織率, 正答率合計)
```

なんとなく右肩上がりに見える。この傾向の度合，つまりこの場合は組織率と正答率合計の関連の度合を数字にしたものが，**相関係数**（correlation coefficient，長い名前はピアソンの積率相関係数 Pearson's product-moment correlation coefficient）である。相関係数は -1 から 1 までの値をとり，正負の関連が強いほど ± 1 に近づき，関連が低ければ 0 に近づく（詳しくは後述）。

> ✑ 上のピアソンは Karl Pearson（1857–1936）だが，その息子 Egon S. Pearson（1895–1980）はネイマン・ピアソンのピアソンである。

R で相関係数を求める関数は cor() である。

```
> cor(組織率, 正答率合計)
[1] 0.4251695
```

p 値や信頼区間まで求める関数は cor.test() である：

```
> cor.test(組織率, 正答率合計)

        Pearson's product-moment correlation

data:   組織率 and 正答率合計
t = 1.558, df = 11, p-value = 0.1475
alternative hypothesis: true correlation is not equal to 0
95 percent confidence interval:
 -0.1643066  0.7908813
sample estimates:
      cor
0.4251695
```

つまり，（ピアソンの）相関係数は 0.425 で，組合の組織率が高いほど成績が良いという傾向が見られるが，95 % 信頼区間は $[-0.16, 0.79]$ と広く（p 値は 0.15 ほど），（5 % 水準で）統計的に有意ではない。したがって，このデータから何かを結論づけるのは早計である。

> ✑ いずれにしても，この 13 道府県は全 47 都道府県からランダムに選ばれたわけではないので，たとえ統計的に有意な相関が見られても，何ら意味はない。

もし 47 都道府県全部のデータがあったとしても，人口 1 千万の東京都と人口数十万の小さな県を同じ重みで考えていいのかという疑問もある。県ごと（あるいは国ごと）のデータを散布図にすると何らかの傾向が見られることはよくあるが，相関係数から量的な結論を導く際には注意が必要である。

仮に相関関係が見られた場合でも，それを因果関係と結びつけるのは早計である。例えば「組合が強いところは学力が低い」という相関関係が見られたとしても（このデータからは逆の関係が示唆されているが），それだけでは，組合が学力を下げているとも，学力が低いから組合でがんばっているともいえるし，まったく別の要因が両方の原因となっているのかもしれない。

要は，相関関係から安易に因果関係を導いてはいけない。

相関係数と名の付くものは上のピアソンの相関係数以外にもいくつかあり，Rではケンドールの順位相関係数，スピアマンの順位相関係数が同じ cor() で計算できる：

```
> cor(組織率, 正答率合計, method="kendall")
[1] 0.3736324
> cor(組織率, 正答率合計, method="spearman")
[1] 0.5076522
```

これらも，p 値や信頼区間が cor.test() で求められる：

```
> cor.test(組織率, 正答率合計, method="kendall")

        Kendall's rank correlation tau

data:  組織率 and 正答率合計
z = 1.7298, p-value = 0.08366
alternative hypothesis: true tau is not equal to 0
sample estimates:
      tau
0.3736324

Warning message:
In cor.test.default(組織率, 正答率合計, method = "kendall") :
   タイのため正確な p 値を計算することができません
> cor.test(組織率, 正答率合計, method="spearman")

        Spearman's rank correlation rho

data:  組織率 and 正答率合計
S = 179.2146, p-value = 0.07656
alternative hypothesis: true rho is not equal to 0
sample estimates:
      rho
0.5076522

Warning message:
In cor.test.default(組織率, 正答率合計, method = "spearman") :
   タイのため正確な p 値を計算することができません
```

このどれもが $p < 0.05$ を満たしていない。ただし，有意な結果が得られるようにいろいろな計算法を試すこと（p ハッキング）はしてはいけない。

以下ではこれらの相関係数についてさらに詳しく説明する。

8.3 ピアソンの相関係数

互いに関連する（独立でない）二つの確率変数 X, Y を考える。例えば X は数学の点数，Y は理科の点数だとすると，X が平均より大きいときは Y も平均より大きい傾向があり，X が平均より小さいときは Y も平均より小さい傾向が

8.3 ピアソンの相関係数

ありそうである。このような二つの変数の間の関係を調べてみよう。

平均よりどれくらい大きいか（小さいか）を調べるには，テストの点数なら偏差値に直すほうがわかりやすい。同じように，統計学でも，変数 X の平均値（期待値）を $\mu_X = E(X)$，分散を $\sigma_X^2 = E((X - \mu_X)^2)$ とするとき，

$$x = \frac{X - \mu_X}{\sigma_X}$$

で与えられる x に変換して考えると便利なことがある。X を x に直すことをここでは**標準化**する（standardize）という。同様に Y を標準化したものを y とする。

こうしておくと，

$$E(x) = 0, \quad E(x^2) = 1, \quad E(y) = 0, \quad E(y^2) = 1$$

となる。

ここでもし X, Y が独立ならば，標準化したものの積の期待値は $E(xy) = 0$ であるが，一般には $E(xy)$ は必ずしも 0 にならない：

- $x > 0$ のとき $y > 0$，$x < 0$ のとき $y < 0$ となる傾向があるならば，つまり x と y が同符号となる傾向があるならば，その積は正になる傾向があるので，$E(xy) > 0$ となる。
- $x > 0$ のとき $y < 0$，$x < 0$ のとき $y > 0$ となる傾向があるならば，つまり x と y が異符号となる傾向があるならば，その積は負になる傾向があるので，$E(xy) < 0$ となる。

この

$$\rho = E(xy) = E\left(\frac{X - \mu_X}{\sigma_X} \cdot \frac{Y - \mu_Y}{\sigma_Y}\right)$$

が，X と Y の相関係数（ピアソンの積率相関係数）にほかならない。相関係数 ρ（ロー）は必ず

$$-1 \leq \rho \leq 1$$

の範囲に入る。ちなみに $E((X - \mu_X)(Y - \mu_Y))$ を**共分散**（covariance）と呼ぶ。

上の ρ は母集団 X, Y の相関係数であるが，標本については

$$r = \frac{1}{n-1} \sum_{i=1}^{n} \frac{X_i - \bar{X}}{s_X} \frac{Y_i - \bar{Y}}{s_Y}$$

$$= \frac{\dfrac{1}{n-1} \sum_{i=1}^{n} (X_i - \bar{X})(Y_i - \bar{Y})}{\sqrt{\dfrac{1}{n-1} \sum_{i=1}^{n} (X_i - \bar{X})^2} \sqrt{\dfrac{1}{n-1} \sum_{i=1}^{n} (Y_i - \bar{Y})^2}}$$

で計算する。この最後の式では $1/(n-1)$ はすべて約分して消すことができるので，「n で割るか $n-1$ で割るか」の話はここでは影響しない。この r も必ず $-1 \leq r \leq 1$ の範囲に入る。この分子 $\frac{1}{n-1} \sum_{i=1}^{n} (X_i - \bar{X})(Y_i - \bar{Y})$ が標本の共分散である。

✎ 数学的には，r は二つの n 次元の単位ベクトルの内積にほかならず，このことがわかれば $-1 \leq r \leq 1$ は自明である（（コーシー・）シュワルツの不等式）。

Rで例えば $X_1 = 1, X_2 = 2, X_3 = 3$ と $Y_1 = 1, Y_2 = 3, Y_3 = 2$ の相関係数を求めるには，次のようにする。

```
> x = c(1,2,3)     # x = 1:3 でも同じ
> y = c(1,3,2)
> cor(x, y)
```

これで $r = 0.5$ が求まる。

X, Y が独立に正規分布に従うなら，

$$t = \frac{r\sqrt{n-2}}{\sqrt{1-r^2}}$$

は自由度 $n - 2$ の t 分布に従う。

さきほどの例で計算すると，

```
> x = c(1, 2, 3)    # x = 1:3 でも同じ
> y = c(1, 3, 2)
> r = cor(x, y)     # r = 0.5 になる
> n = 3
> t = r * sqrt(n-2) / sqrt(1 - r^2)   # t = 0.5773503
> 2 * pt(-t, n-2) # 0.6666667 と表示される
```

となる。同じことをもっと簡単にしてくれるのが cor.test() である：

```
> cor.test(x, y)

        Pearson's product-moment correlation

data:  x and y
t = 0.5774, df = 1, p-value = 0.6667
alternative hypothesis: true correlation is not equal to 0
sample estimates:
cor
0.5
```

✎ 厳密には r は ρ の不偏推定量ではない。不偏推定量は次の式で近似できる [53]：

$$G(r) = \left(1 + \frac{1-r^2}{2(n-3)}\right) r$$

この式の誤差は $n \geq 8$ で 0.01 以下，$n \geq 18$ で 0.001 以下である。

✎ 共分散を求めるRの関数は cov() である。なお，高校数学では，分散も共分散も，分母が $n-1$ でなく n のものを使うので，Rの分散 var()，共分散 cov() と異なる。Excelには，n で割る方式の COVAR()，Excel 2010 以降は n で割る方式の COVARIANCE.P()，$n-1$ で割る方式の COVARIANCE.S() がある。

✎ 共分散には $\mathrm{cov}(X + Y, Z) = \mathrm{cov}(X, Z) + \mathrm{cov}(Y, Z)$ という線形性がある。特に $X + Y = Z$ のとき $\mathrm{cov}(X, Z) + \mathrm{cov}(Y, Z) = \mathrm{cov}(Z, Z) = \mathrm{var}(Z)$ であり，$\mathrm{cov}(X, Z)/\mathrm{var}(Z) + \mathrm{cov}(Y, Z)/\mathrm{var}(Z) = 1$ になる。この左辺の各項を X と Y

の共分散比と呼ぶことがある。共分散比の合計は 1 である。例えば X をセンター試験の点数，Y を個別試験の点数とすると，共分散比は各試験の寄与率を表すと考えられる。共分散比は試験の数が 3 個以上でも定義できるので，各試験科目の寄与率を求めるのにも共分散比が使われる。

8.4 順位相関係数

ピアソンの積率相関係数は，外れ値に影響されやすいという欠点がある。そのため，データの数値そのものではなく，その順位だけによる方法がいくつか考えられた。

一つは，単にデータの順位についてピアソンの相関係数を求める方法である。この方法による相関係数を，**スピアマンの順位相関係数**またはスピアマンの $\overset{\text{ロー}}{\rho}$（Spearman's rank correlation coefficient，Spearman's rho）という。

等しい値（タイ，tie）が現れるときは，その順位は，等しくなかったときの順位の平均値にする。たとえば，実際の値が $5, 7, 7, 9, 10$ のとき，順位は $1, 2.5, 2.5, 4, 5$ とする（あるいは大きい順に $5, 3.5, 3.5, 2, 1$ としても同じことである）。

- ✎ スピアマンの ρ の検定は，n が十分大きければピアソンの相関係数と同じ方法（t 検定）で可能である。

- ✎ R の cor.test(..., method="spearman") で，帰無仮説を $\rho = 0$ としたときのスピアマンの ρ の検定は，$n \leq 1290$ のときは Best and Roberts [54] にほぼ従って計算する。これは，$n \leq 9$（元論文では 6）のときは片方のデータの $n!$ 通りの並べ替えを行って，そのうち何通りが，観測された $|\rho|$ 以上の値をとるかを調べ，それを $n!$ で割ったものを求める。$n > 9$（元論文では $n > 6$）のときは $1/n$ についての級数展開で，少なくとも 2 桁の精度がある。$n > 1290$ のときは t 検定を使う。

もう一つのよく使われるものは，**ケンドールの順位相関係数**またはケンドールの $\overset{\text{タウ}}{\tau}$（Kendall's rank correlation coefficient，Kendall's tau）と呼ばれるもので，ケンドールが 1938 年に流行らせたのでこう呼ばれるが，ケンドールによれば，1900 年ごろからいろいろな人が使っていたとのことである。

これの求めようとするものは，ランダムに二つを選んだとき，その X の順序と Y の順序が同じになる確率（例えば，A 君が B 君より数学ができたとき，A 君が B 君より英語もできる確率）である。実際には，この確率を 2 倍して 1 を引くことにより -1 から 1 の範囲に収めたものが，ケンドールの τ である。スピアマンの ρ より具体的に求めようとしているものがはっきりしているのと，正規分布で近似しやすいことが特長である。

より具体的には，すべてのペアについて，両変数が同順のペアの数から逆順のペアの数を引き，ペアの総数 $n(n-1)/2$ で割ればよい。タイがある場合も

含めてもっと厳密にいうと，$S = m_x = m_y = 0$ を初期値として，$1 \leq i < j \leq n$ を満たすすべての整数のペア (i,j) について，

- $X_i < X_j$ かつ $Y_i < Y_j$ ならば S に 1 を加算する
- $X_i > X_j$ かつ $Y_i > Y_j$ ならば S に 1 を加算する
- $X_i < X_j$ かつ $Y_i > Y_j$ ならば S に -1 を加算する
- $X_i > X_j$ かつ $Y_i < Y_j$ ならば S に -1 を加算する
- $X_i \neq X_j$ ならば m_x に 1 を加算する
- $Y_i \neq Y_j$ ならば m_y に 1 を加算する

を行い，最後に

$$\tau = \frac{S}{\sqrt{m_x m_y}}$$

とすると τ が求まる。分子 S は同順のペア数から逆順のペア数を引いたもので，分母は基本的にはペアの総数 $m = n(n-1)/2$ であるが，タイがある場合は各変数のタイでないペアの総数の相乗平均である。

ケンドールの τ とスピアマンの ρ は，いずれも -1 から 1 までの値をとり，二つの変数の順序関係がまったく同順であれば 1，まったく逆順であれば -1 になるという点では同じである。両者に 1 対 1 の対応はないが，近似的に非線形な関係があり，中程度の相関では τ のほうが絶対値が小さくなる。どちらが統計的に有意になりやすいということはない。τ のほうが正規分布に近いので扱いやすい反面，n が小さいと τ は ρ に比べて飛び飛びの値しかとらないことが目立つ。

図 8.3 は 10 ペアの乱数を何回も作ってケンドールの τ（横軸）とスピアマンの ρ（縦軸）を計算した結果の散布図である。

✎ 図 8.3 は次のようにして描いた：

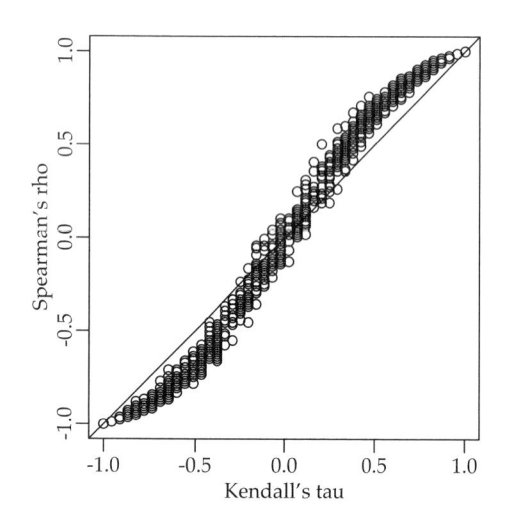

```
f = function() {
```

図 8.3　乱数 10 個 × 2 組のケンドールの τ（横軸）とスピアマンの ρ（縦軸）

8.4 順位相関係数

```
        k = runif(1)
        a = runif(10);   b = runif(10)
        x = k * a + (1-k) * b;   y = k * a - (1-k) * b
        c(cor(x,y,method="kendall"), cor(x,y,method="spearman"))
    }
    r = replicate(1000, f())
    plot(r[1,], r[2,], xlim=c(-1,1), ylim=c(-1,1), asp=1)
    abline(0,1)
```

✎ 2変数が同じ順に並んでいても，タイの位置が異なれば，どちらの順位相関係数も1にならない。

✎ ケンドールのτのタイの処理の仕方はいくつか考えられるが，上で述べたものはτ_bと呼ばれる方法である。

✎ Rのcor.test(..., method="kendall")で，帰無仮説を$\tau=0$としたときのケンドールのτの検定は，$n<50$またはオプションexact=TRUE指定時には，タイがなければ厳密な方法を使う。これ以外の場合は正規分布で近似する方法で行う。τの分子Sが単なる± 1の和であることを考えれば，nが大きければ中心極限定理により正規分布に近づくことが理解できよう。具体的には母集団が独立のときτはタイがなければ正規分布$N(0, (4n+10)/9n(n-1))$に近づく。

✎ タイがある場合はcor.test(..., method="kendall")ではτの分子Sが分散

$$V(S) = \frac{n(n-1)(2n+5) - V_x - V_y}{18} + \frac{T_x T_y}{2n(n-1)} + \frac{U_x U_y}{9n(n-1)(n-2)}$$

の正規分布に近づくことを使っている。ここで

$$T_k = \sum t_k(t_k - 1), \quad U_k = \sum t_k(t_k-1)(t_k-2), \quad V_k = \sum t_k(t_k-1)(2t_k+5)$$

である（$k=x,y$で，t_x, t_yはそれぞれX, Yの個々のタイの長さのベクトルである。例えば$X = (1,2,3,3,4,5,5,5)$なら，$t_x = (2,3)$で，$\sum t_x(t_x-1) = 2(2-1) + 3(3-1) = 8$となる）。

✎ タイのある場合も含めて正確なp値を求めるには，並べ替え検定の考え方を使う。例えば1万回のシミュレーションでは

```
> t = cor(X, Y, method="kendall")
> a = replicate(10000, cor(X, sample(Y), method="kendall"))
> mean(abs(a) >= abs(t)) # 両側確率
```

この節の最初に挙げた例では$p=0.08366$であったが，100万回のシミュレーションでは$p=0.095$ほどになる。ただし，気をつけなければならないのは，ケンドールのτが飛び飛びの値をとることである。このため，値をコピー＆ペーストして使っても四捨五入のために正しくない結果を生じることがある：

```
> t
[1] 0.3736324
> mean(abs(a) >= t)
[1] 0.095084
> mean(abs(a) >= 0.3736324)
[1] 0.07212
> mean(abs(a) >= 0.3736323)
[1] 0.095084
```

この場合は $p = 0.095$ のほうが正しいが，少しずらすと $p = 0.072$ になる。正規分布による近似 $p = 0.08366$ はこのほぼ真ん中の値になっている。ちなみに，100万個の中にユニークな値は67個しかない：

```
> length(unique(a))
[1] 67
```

8.5 エピローグ

さて，朝日新聞の「日教組と学力」記事の話には，続きがある。産経新聞が，「日教組と学力」には確かに負の相関があるという記事を出したのである。

次の表が産経新聞の示した証拠である（2008年10月8日 MSN産経）。

学力ワースト10				
都道府県	総合点	順位	日教組票	順位
沖縄県	47	423.8	1202	35
高知県	46	455.3	2053	30
北海道	45	458.9	40344	2
大阪府	44	462.2	14882	11
岡山県	43	472.6	13090	13
福岡県	42	474.5	25754	6
和歌山県	41	475.3	986	38
大分県	40	475.4	26561	5
滋賀県	38	475.6	4739	22
三重県	38	475.6	32840	3

学力ベスト10				
都道府県	総合点	順位	日教組票	順位
東京都	10	498.9	6684	19
静岡県	9	500.3	25648	7
岐阜県	8	501.5	1196	36
山形県	7	503.6	3879	23
香川県	6	508.4	711	45
青森県	5	509.0	787	44
石川県	4	512.0	15814	10
富山県	3	524.3	1975	32
福井県	2	539.1	7035	18
秋田県	1	547.1	1402	34

学力としては，朝日新聞のように恣意的に選んだ一つの科目を使うのではなく，2008年の全国学力テストの小学校・中学校の全科目の平均正答率の合計を使っている。それによって学力ワースト10，学力ベスト10の都道府県を選び（なぜ10かというのは置いておく），その中で，公式には公開されていない日教組組織率の代わりに，「日教組票」（具体的には平成16年参院選那谷屋正義票と平成19年参院選神本みえ子票の和）の順位で日教組の組織力を見ている（得票率でなく得票数を使ったトリックに気付かれたかもしれないが，それも置いておく）。日教組票が多い上位16県を 網かけ ，少ない16県を 白抜き で示した（なぜ16県？）。すると，

	日教組票多い	日教組票少ない
学力低い	6	2
学力高い	2	5

という分割表ができる。これから明らかに日教組票と学力に負の相関がある。

8.5 エピローグ

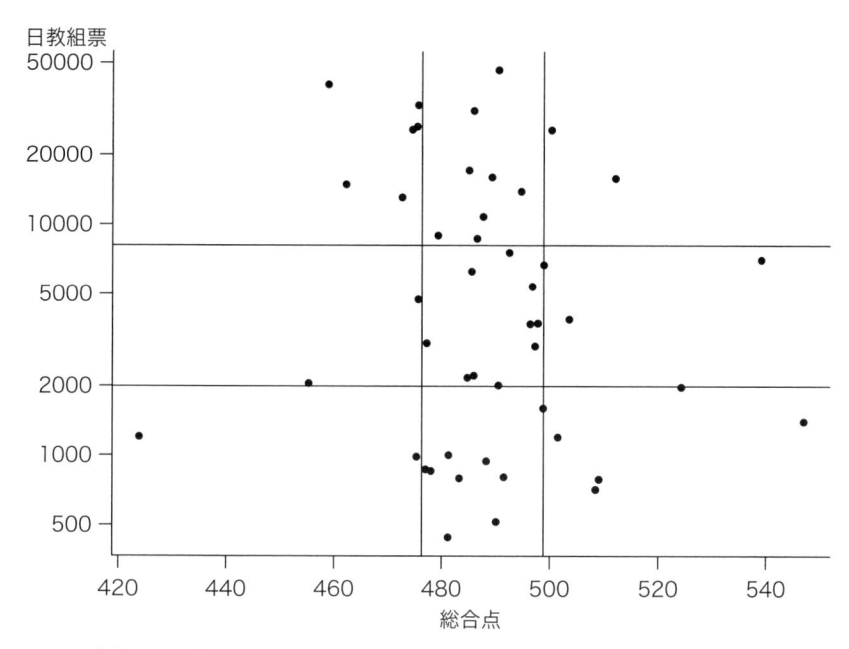

図8.4 学力テスト総合点と日教組票

本当か。fisher.test() をしてみよう。

```
> fisher.test(matrix(c(6,2,2,5), nrow=2))
```

$p = 0.13$ 程度で，統計的に有意な相関があるとは言えない。

そもそも「10位」「16位」といったマジックナンバーが出てくる時点で，恣意的な操作がされていることを疑う必要がある。この数字をいろいろいじって，できるだけ小さな p 値を選ぶことができるからである（p ハッキング）。

産経新聞が使ったデータはすべて公開されているので，本書サイトに nikkyoso.csv というファイル名で置いておく。（なぜ得票率でなく得票数かという問題は置いて）これをそのままプロットしてみよう（図8.4）。そのままプロットすると得票数が上ほどまばらになるので，縦軸だけ対数目盛にした（log="y"）。

```
> x = read.csv("nikkyoso.csv", fileEncoding="UTF-8")
> x$日教組票 = round(x$H16参院選那谷屋正義 + x$H19参院選神本みえ子)
> plot(x$総合点, x$日教組票, pch=16, log="y", xlab="総合点", ylab="", bty="l", las=1)
> mtext("日教組票", at=c(410,52000))
> abline(v=c(476.3, 498.85))
> abline(h=c(1994, 8127.5))
```

✎ nikkyoso.csv の文字コードは UTF-8 である（第1.6節参照）。

4本の補助線は，産経新聞が使ったカットオフである（成績上下10位，票上下16位）。このカットオフを使えば確かに分割表 $\begin{bmatrix} 6 & 2 \\ 2 & 5 \end{bmatrix}$ が得られる。

このような恣意的なカットオフを使わず，データ全部を使って，相関係数を求め，検定してみよう。

```
> cor.test(x$総合点, x$日教組票)                        #    r=-0.17 p=0.24
> cor.test(x$総合点, x$日教組票, method="kendall")   # tau=-0.10 p=0.30
> cor.test(x$総合点, x$日教組票, method="spearman")  # rho=-0.15 p=0.32
```

どの方法を使ってもわずかな負の相関が見られるが，統計的に有意ではない。

ところで，以上の計算では，産経新聞にならって，得票率でなく得票数を使っている。これでは都道府県の人口に比例してしまう。CSVファイルには有効投票数も含めてあるが，これで割ればますますp値は大きくなる。

8.6　自己相関があるデータの相関係数

日本の毎年のテレビの台数とその年の平均寿命の相関係数は非常に大きい（1に近い）。統計的に有意である。だからテレビを買えば長生きする。

これは『もうダマされないための「科学」講義』[55] p. 17 にある例である。こういった議論はもちろんウソである。

ポイントの一つは「相関関係は因果関係を意味しない」ということであるが，実はもう一つポイントがある。いろいろな時系列データ（時間とともに変化する値を調べたデータ）の間の相関係数を計算すると，まったく関係ないはずのデータ間に，統計的に有意な結果がたくさん出る。どうしてであろうか？

テレビ保有台数や平均寿命は，どちらも時間と強い相関を持つ。これが両者の強い相関の理由である。

より一般に，時系列データは自己相関を持つことが多い。つまり，時刻 $t+1$ の値は時刻 t の値と独立ではない。自己相関がない場合は rnorm(n) のような互いに独立な n 個の乱数（いわゆる**ホワイトノイズ**）でモデル化できるが，自己相関が強い場合はむしろ cumsum(rnorm(n)) のような**ランダムウォーク**に近い。

図8.5 は，まったく相関のないはずの二つの時系列データの相関係数の分布

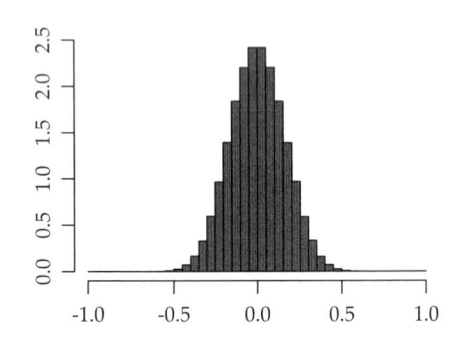

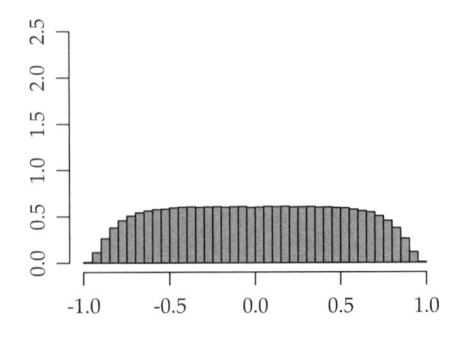

図8.5　左：自己相関のない時系列データ間の相関係数の分布，右：自己相関の強い時系列データ間の相関係数の分布

をシミュレーションで求めたものである。左は通常の乱数間の相関係数の分布，右は自己相関の強い時系列データ間の相関係数の分布である。後者は一様分布に近く，-1や1に近い相関係数が偶然に出る確率は大きく，通常の相関係数の検定を使うことはできない。

✎ これはおおよそ次のようにして描いた：

```
f1 = function() { x = rnorm(40); y = rnorm(40); cor(x, y) }
f2 = function() { x = cumsum(rnorm(40)); y = cumsum(rnorm(40)); cor(x, y) }
r1 = replicate(1000000, f1());  hist(r1)   # 左
r2 = replicate(1000000, f2());  hist(r2)   # 右
```

さて，都道府県ごとにまとめたデータにも，本当は自己相関があるのではないか。例えば東京都で大きい値になるデータは，隣の神奈川県でも大きくなりやすいのではないか。

時系列データの時間や，地理空間データの距離だけではない。直接の関係がない変数どうしが，**交絡因子**（confounding factor, confounder）と呼ばれる第三の変数を通じて相関している例は，いたるところにある。いわゆる**疑似相関**（spurious correlation）というものである。こういったデータを，ランダムサンプルされたデータと同様な方法で検定する際には，注意が必要である。

Chapter 9

回帰分析

9.1 最小2乗法

$x = (1,2,3,4)$ のとき $y = (2,3,5,4)$ になったとする（図 9.1）。このデータを例えば $y \sim ax + b$ というモデルでフィット（fit）したい（あてはめたい）というのが回帰分析（regression analysis）の問題である。ここでの「$\sim$」は「あてはめる」とか「なるべく等しくする」というほどの意味である。x を**説明変数**（独立変数），y を**目的変数**（従属変数）という。

最も一般的なフィットのしかたは，残差 $y - (ax + b)$ の2乗和

$$\sum_{i=1}^{4}(y_i - (ax_i + b))^2$$

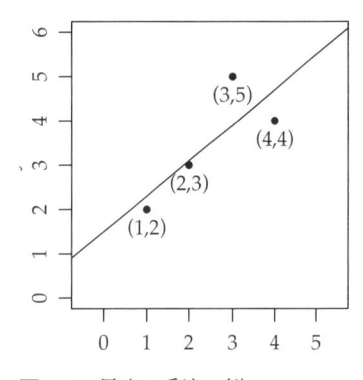

図 9.1　最小2乗法の例

を最小にする a と b を求める**最小2乗法**（least squares method）である。

実際に上の式を最小にする a と b を求めてみよう。汎用的な最小化関数 `optim()` を使ってみる。

```
x = c(1,2,3,4)
y = c(2,3,5,4)

f = function(arg) {
  a = arg[1]
  b = arg[2]
  t = a * x + b
  sum((y - t)^2)
}

optim(c(1,1), f)   # 初期値(a,b)=(1,1)から始めてfを最小化する
```

$y \sim 0.8x + 1.5$ が得られる。

✎ パラメータだけが欲しいのであれば `optim()` に `$par` を付ける：

```
> optim(c(1,1), f)$par
[1] 0.7999722 1.5000885
```

ただ，`optim()` のデフォルトの Nelder-Mead 法は必ずしもうまく収束するとは限らないので，対話的に使う場合は `$par` を付けずに詳しい情報を見るほうがよい。特に `$convergence` の値が 0 以外のときは注意。

実際には，関数 `lm()` を使えばもっと簡単にできる：

```
> r = lm(y ~ x)
> summary(r)

Call:
lm(formula = y ~ x)

Residuals:
   1    2    3    4
-0.3 -0.1  1.1 -0.7

Coefficients:
            Estimate Std. Error t value Pr(>|t|)
(Intercept)   1.5000     1.1619   1.291    0.326
x             0.8000     0.4243   1.886    0.200

Residual standard error: 0.9487 on 2 degrees of freedom
Multiple R-squared:  0.64,	Adjusted R-squared:  0.46
F-statistic: 3.556 on 1 and 2 DF,  p-value: 0.2
```

`lm()` という関数名は linear model から来ている。`y ~ x` は y を x の一次式でフィットするという意味である（つまり $y \sim ax + b$）。もし定数項 b が不要なら `lm(y ~ x - 1)` とする。

一般に $x = (1, 2, 3, 4)$ は定数と見なし，誤差は考えないが，$y = (2, 3, 5, 4)$ は誤差を含む測定値である。その誤差の分布は，正規分布

$$p_i = \frac{1}{\sqrt{2\pi\sigma^2}} e^{-(y_i - \mu_i)^2 / 2\sigma^2}$$

に従うと仮定するのが一般的である。また，誤差は互いに独立と仮定する。つまり，$y = (y_1, y_2, y_3, y_4)$ が生じる確率は積 $p_1 p_2 p_3 p_4$ に比例する（連続分布であるので，確率というよりは，確率密度というべきであるが）。ここで，y を固定して，$p_1 p_2 p_3 p_4$ をモデルパラメータ a, b の関数と見たものを**尤度**（likelihood）という。尤度が最大になるようにモデルのパラメータ a, b を定めるのが**最尤法**（maximum likelihood method）である。

尤度 $p_1 p_2 p_3 p_4$ を最大にするということは，その対数 $\log(p_1 p_2 p_3 p_4)$ を最大にすることと同じことである。上の式を代入すれば，

$$\log(p_1 p_2 p_3 p_4) = \sum_{i=1}^{4} \log p_i = -\sum_{i=1}^{4} \frac{(y_i - \mu_i)^2}{2\sigma^2} + \text{const.}$$

であるから，尤度を最大にすることは，2 乗和 $\sum_{i=1}^{4} (y_i - \mu_i)^2$ を最小にすることと同じである。これが，最小 2 乗法の根拠である。ちなみに，より一般に分散

σ^2 も一定でない場合も含め，

$$\sum_{i=1}^{n} \frac{(y_i - \mu_i)^2}{\sigma_i^2}$$

の形の量を最小化するようなフィッティングを，カイ2乗最小化（chi-squared minimization, chi-square minimization）ということがある．もしモデルが正しければ $(y_i - \mu_i)^2/\sigma_i^2$ は標準正規分布 $\mathcal{N}(0,1)$ の2乗に従うので，それを n 個加えたものはカイ2乗分布に従う．その自由度は，モデルのパラメータ数を n から引いたもので，この場合は $n-2$ が自由度である．これを使って，あてはまりの良さを調べることができる．

> モデルパラメータを θ，得られたデータを y とすると，θ が与えられたときに y の生じる確率 $p(y|\theta)$ は意味が明確であるが，逆に，データ y が与えられたときに $p(y|\theta)$ が θ の何を表すかは微妙である．ベイズ流（Bayesian，ベイジアン）の考え方では，θ にも確率分布があると考え，θ の先験的な確率分布 $p(\theta)$ と，y が与えられたときの θ の確率分布 $p(\theta|y)$ を導入し，ベイズの定理
>
> $$p(\theta|y) = \frac{p(y|\theta)}{p(y)} p(\theta)$$
>
> でこれらを結びつける．ここで y を固定して $p(\theta)$ を θ によらず一定と仮定すれば，$p(y|\theta)$ と $p(\theta|y)$ は比例することになり，これをベイズ流に見た最尤法の根拠と考えることもできる．ベイジアンでは $p(\theta|y)$ に基づいて θ の平均値やメジアンや最頻値（モード）を求めることができるが，最尤法はこの最頻値に相当する．

9.2 息抜き体操

第8.1節（111ページ）の「準備体操」で描いたプロットに直線をあてはめてみよう（図9.2）：

```
x = rnorm(40);   y = rnorm(40)
plot(x, y, pch=16, main=cor(x,y))
abline(lm(y ~ x))
```

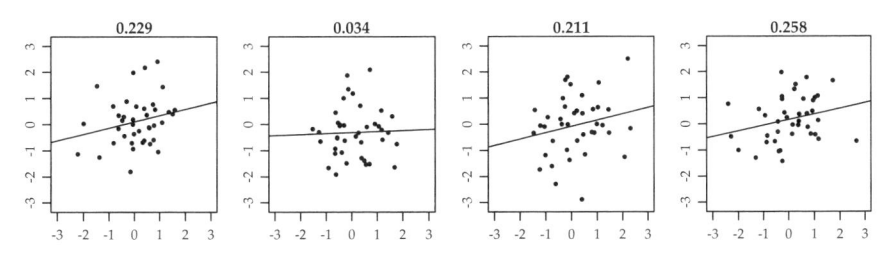

図9.2 ランダムなプロットとその相関係数と回帰直線

何度もやっていると，明らかに右上り・右下がりの直線が出てくるが，偶然である。

わざと強い正の相関を与えてみよう：

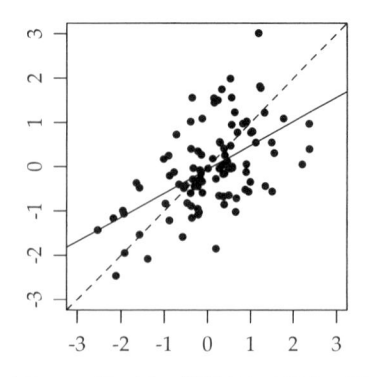

```
a = rnorm(100);  b = rnorm(100);  c = rnorm(100)
x = (a + c) / sqrt(2)
y = (b + c) / sqrt(2)
plot(x, y, pch=16, xlim=c(-3,3), ylim=c(-3,3),
     asp=1)
abline(lm(y ~ x))
abline(0, 1, lty=2)
```

図9.3　強い正の相関がある場合の回帰直線

正規分布する独立な三つの変数 $a,b,c \sim \mathcal{N}(0,1)$ から $x = (a+c)/\sqrt{2}$, $y = (b+c)/\sqrt{2}$ を作ったわけである。これらの点すべてから近い（距離の2乗の和が最小になる）のは，傾き1の直線 $y = x$（点線）であるが，与えられた x について y の値が近い（差の2乗の和が最小になる）のは，それより傾きが小さい実線（`abline(lm(y ~ x))`）である。

横軸 x が親の成績，縦軸 y が子の成績とすると，相関が完全でないために，親と子が同じ成績（$y = x$）にはならず，それより平均（$y = 0$）に近づく。

この現象が，有名なフランシス・ゴルトン（Sir Francis Galton，1822–1911）が発見した「平均への回帰」（regression to the mean）である。ここから回帰（regression，元に戻ること）という言葉がこの文脈で使われるようになった。

- 身長が遺伝することはよく知られている。背の高い親からは背の高い子が生まれやすい。しかし，親の身長に比べてより高い子とより低い子が同数生まれるなら，身長の分散は世代ごとに増えていくはずである。しかし実際には身長の分散は変化していない。何らかの「平均への回帰」のメカニズムが働いているはずである。ゴルトンはとうとうそれが遺伝の不思議なメカニズムではなく，統計学で説明できることに気づいた。図9.3では斜め45°の直線ではなく，より水平に近い「回帰直線」のほうに近づく。

- 血圧を測定し，高血圧と判定された人に再検査をすると，治療をしたわけではないのに正常値に戻る場合が多い。これも平均への回帰の例である。

9.3　例：第五の力

1kgの鉄と，1kgの綿とでは，どちらが重いだろうか？　もちろん同じ，というのが定説である。このことは，有名なエトベッシュ（Eötvös）の実験（出版は1922年）で確認されている。

- ここでいう「1kg」などは，Newton（ニュートン）の法則 $F = ma$ に出てくる質量（慣性質量）m である。一方，「重さ」は他の物体（特に地球）に引っ張られる力（重力）であるが，それが慣性質量に比例するというのが「弱い等価

9.3 例：第五の力

原理」の主張である。

ところが，1986年にフィッシュバック（Fischbach）たちは，ほかでもないこのエトベッシュの実験結果を再解析し，重力以外に新しい力（**第五の力**）が存在するかもしれないことを示した [56]。この話は，同じ年（1986年）に出した私の古い本 [57] でも紹介した。

ただし，現在ではフィッシュバックたちの結果は否定されたと考えてよい（後述）。

> ✎ 現在の物理学では，力は「強い力」「弱い力」「電磁力」「重力」の4種類とされている。これ以外の力という意味で「第五の力」と呼ばれた。

フィッシュバックたちが注目したのは，エトベッシュの実験で使われた物質の組成の違いである。単位質量（ここでは水素原子の質量を単位として測った質量 μ）あたりのバリオン数（B = 陽子の数 + 中性子の数）の差 $B_1/\mu_1 - B_2/\mu_2 = \Delta(B/\mu)$ によって，重力（重力加速度の変化を標準重力加速度で割った値 $\kappa = \Delta a/g$）にわずかな差 $\Delta\kappa$ があることを彼らは示した。

彼らが使ったエトベッシュの実験結果は次の通りである：

比較した物質	$x = 10^3 \Delta(B/\mu)$	$y = 10^8 \Delta\kappa$
銅と白金	0.94	0.4 ± 0.2
マグナリウムと白金	0.50	0.4 ± 0.1
硫酸銀 (I) と硫酸鉄 (II) の反応の前後	0.00	0.0 ± 0.2
石綿と銅	-0.74	-0.3 ± 0.2
硫酸銅 (II) 5 水和物と銅	-0.86	-0.5 ± 0.2
硫酸銅 (II) 水溶液と銅	-1.42	-0.7 ± 0.2
水と銅	-1.71	-1.0 ± 0.2
スネークウッド（木）と白金	?	-0.1 ± 0.2
獣脂と銅	?	-0.6 ± 0.2

ここで $\pm$ の後は測定誤差で，物理学では何も言わなければ 1σ に相当する誤差（標準誤差，standard error）である。

組成の差 x はフィッシュバックたちが推定したものである。最後の2通りについては x が推定できなかったので，以下の解析から外してある。x と y の関係を図に描いてみよう。測定誤差のエラーバーを描くのに `arrows()` を使っている。

```
x = c(0.94, 0.50, 0.00, -0.74, -0.86, -1.42, -1.71)
y = c(0.4, 0.4, 0.0, -0.3, -0.5, -0.7, -1.0)
e = c(0.2, 0.1, 0.2, 0.2, 0.2, 0.2, 0.2)
plot(x, y, type="p", pch=16, ylim=range(c(y-e, y+e)),
     xlab=expression(10^3 * Delta * (B/mu)),
     ylab=expression(10^8 * Delta * kappa))
arrows(x, y-e, x, y+e, length=0.03, angle=90, code=3)
```

どうやら x と y に $y \sim ax+b$ のような1次式の関係がありそうである。このようなデータを直線 $y = ax+b$ でフィットするには，通常は重み付き**最小2乗**

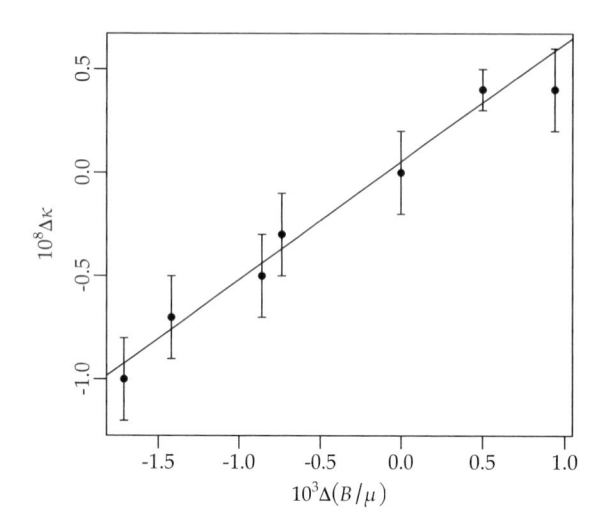

図9.4 エトベッシュの実験結果をフィッシュバックたちが再解析した結果。エラーバーは標準誤差。直線は後述のように重み付き最小2乗法でフィットした。

法を使う。これは

$$\sum_{i=1}^{n} \frac{(ax_i + b - y_i)^2}{e_i^2}$$

を最小にするパラメータ a, b を求める方法である（この場合 $n = 7$）。誤差 e_i が一定なら分母を略した通常の最小2乗法でよいが，このデータのように誤差が一定でなければ，重み $1/e_i^2$ を付ける。

そのための関数が lm() である。「lm」は linear model（線形モデル）を意味する。引数は，1次式 $y \sim ax+b$ のパラメータ a や b を省略した式である。

```
> r = lm(y ~ x, weights=1/e^2)   # 誤差が一定ならば r = lm(y ~ x)
```

lm() の計算結果はとりあえず変数に入れておき，まずは summary() 関数でその概要を調べる：

```
> summary(r)

Call:
lm(formula = y ~ x, weights = 1/e^2)

Weighted Residuals:
      1       2       3       4       5       6       7
-0.9404  0.6282 -0.2603  0.3495 -0.3084  0.2882 -0.3850

Coefficients:
            Estimate Std. Error t value Pr(>|t|)
(Intercept)  0.05207    0.03867   1.347    0.236
x            0.57022    0.04294  13.281 4.33e-05 ***
---
Signif. codes:  0 '***' 0.001 '**' 0.01 '*' 0.05 '.' 0.1 ' ' 1
```

```
Residual standard error: 0.5992 on 5 degrees of freedom
Multiple R-squared:  0.9724,    Adjusted R-squared:  0.9669
F-statistic: 176.4 on 1 and 5 DF,  p-value: 4.327e-05
```

(Intercept) は定数項 b，その下が x の係数 a である。つまり，

$$y = 0.57022x + 0.05207$$

という直線でフィットできることがわかった。この直線をさきほどの図に重ね書きするには，

```
> abline(r)
```

と打ち込めばよい。

グラフを見る限り，あてはまりは非常に良さそうである。実際，残差 r$residuals を誤差 e で割ったものの 2 乗和

```
> sum((r$residuals / e)^2)
```

を計算してみると 1.795245 となる。これは自由度 5（データの個数 7 からパラメータの個数 2 を引いたもの）の χ^2 分布に従うと期待されるので，

```
> pchisq(1.795245, df=5)
```

を計算すると 0.1233112 となる。この値が 1 に近すぎれば「外れすぎ」で，あてはめたモデルが良くない可能性があり，逆に 0 に近すぎれば「合いすぎ」で，誤差を大きく見積もり過ぎたのかもしれない。この場合は適度に合っている。

y が x によらず一定であるという帰無仮説についての両側 p 値は 4.327×10^{-5} と非常に小さく，qnorm(4.327e-05 / 2) で計算してみれば，正規分布のほぼ 4σ の効果に相当することがわかる。物理では一般に 5σ 以上が「発見」とされるが，その段階には達していない。

この結果に触発されて多くの追試が行われたが，残念ながら結果は再現されなかった。$p < 0.00005$ のように通常の基準では非常に有意な結果であっても，追試によって否定されることは，物理学の歴史では山ほどある。

✎ 上では組成の差 x と重力の差 y に $y \sim ax+b$ という関係を仮定したが，$x = 0$ なら $y = 0$ になるべきことから，$y \sim ax$ を仮定することもできる。その場合は

```
r = lm(y ~ x - 1, weights=1/e^2)
```

として計算する。ここでの -1 は 1 を引くことではなく定数項がないことを意味する。この場合，自由度は $7 - 1 = 6$ である。

9.4 ポアソン回帰

測定値が正規分布以外の確率分布をするときでも，モデルをフィットすることができる。

ここでは，y が個数を表す量である場合を考える。例えば事故の件数や，放射線測定器が放射線をカウントする回数である。このような回数の分布は一般にポアソン（Poisson）分布をする。具体的に，y_i が平均 $\lambda_i = ax_i + b$ のポアソン分布をすると仮定すると，特定の y_i の値の生じる確率は

$$p_i = \frac{\lambda_i^{y_i} e^{-\lambda_i}}{y_i!}$$

である。ポアソン分布の特徴として，$E(y_i) = V(y_i) = \lambda_i$ つまり平均値と分散が同じ値になる。したがって，大きい値ほど変動も大きく，単純な最小2乗法でフィットしてはいけない代表的な例である。

この章の最初（第9.1節）に最小2乗法で扱った問題に立ち返ろう。最尤法を使えば，p_i がポアソン分布の場合は

$$\log(p_1 p_2 p_3 p_4) = \sum_{i=1}^{4}(y_i \log \lambda_i - \lambda_i) + \text{const.}$$

を最大にすればいいことになる。まず汎用的な最小化関数 `optim()` を使ってやってみる：

```
f = function(arg) {
    a = arg[1]
    b = arg[2]
    lambda = a * x + b
    -sum(y * log(lambda) - lambda)
}
optim(c(1,1), f)
```

だいたい $y \sim 0.89x + 1.28$ になる。第9.1節の最小2乗法の結果とかなり違う。

実はこれも，もっと速く正確に計算する `glm()` という関数がある。この関数名は generalized linear model（一般化線形モデル）から来ている。

```
glm(y ~ x, family=poisson(link="identity"))
```

オプション `family=poisson(link="identity")` は，誤差がポアソン分布で，その平均が $\lambda_i = ax_i + b$ のように表される（左辺が λ_i そのものである）ことを意味する。`family=poisson(link="log")` とすれば，$\log \lambda_i = ax_i + b$ つまり左辺は λ_i そのものではなく対数をとったモデルになる。この対数関数（や前者の恒等関数 identity function）のような左辺の λ_i に作用させる関数をリンク関

数という。なお，$\log \lambda_i = ax_i + b$ は $\lambda_i = e^{ax_i+b}$ と同じで，λ が負になることを心配しないでよいので，ポアソン分布のときはこちらのほうがよく使われる。単に `family=poisson` と書けば `link="log"` と見なされる。

9.5　ポアソン回帰と似た方法，等価な方法

ポアソン分布は y_i の大きいところでは分散 $y_i \approx \lambda_i$ の正規分布で近似できる。このことを使った便法がいくつか考えられる。

その1　ポアソン分布では，分散が期待値と等しくなる（$V(y_i) = E(y_i)$）ので，ポアソン回帰の近似として，カイ2乗最小化で $\sigma_i^2 = y_i$ とすることがある：

```
f = function(arg) {
    a = arg[1]
    b = arg[2]
    lambda = a * x + b
    sum((y - lambda)^2 / y)
}
optim(c(1,1), f)
```

これは次の重み付き最小2乗法と同じことである：

```
lm(y ~ x, weights=1/y)
```

結果は $y \sim 0.82x + 1.34$ になる。

その2　「その1」の方法では，データ y に0が含まれると計算できない。そこで，実現値 y_i でなくモデル値 $\lambda_i = ax_i + b$ を σ_i^2 と置いて，カイ2乗最小化をすることが考えられる。つまり $\sum (y_i - \lambda_i)^2 / \lambda_i$ を最小化する：

```
f = function(arg) {
    a = arg[1]
    b = arg[2]
    lambda = a * x + b
    sum((y - lambda)^2 / lambda)
}
optim(c(1,1), f)
```

結果は $y \sim 0.93x + 1.23$ になる。なお，この場合には `lm()` を使うことはできない。

その3　`r = lm(...)` のように代入しておくと，回帰式の係数は `r$coef` に入る。これを使って y_i の予測値（ここでは $\lambda_i = ax_i + b$）を求めてもよいが，関数 `predict(r)` を使っても同じ結果が得られる。この予測値を使って，次のよう

な繰返しをすると，何が得られるであろうか：

```
w = c(1,1,1,1)    # 適当な初期値
for (i in 1:10) { # 収束するまで続ける
    r = lm(y ~ x, weights=w)
    lambda = predict(r)
    print(c(as.numeric(r$coef), -sum(y*log(lambda)-lambda)))
    w = 1 / lambda
}
```

形の上ではこれも $\sum (y_i - \lambda_i)^2 / \lambda_i$ を最小化するように見えるので，「その2」と同じだと思われるかもしれないが，そうではなく，「その3」は実は本物のポアソン回帰と一致する。

なぜかというと，こちらは $\sum (y_i - \lambda_i)^2 / \lambda_i$ を，分母の λ_i を定数と見て最小化する。モデルの任意のパラメータ a で微分して 0 と置くときに，分子の λ_i だけについて微分するので，最小となる点では $\sum \frac{2(y_i - \lambda_i)}{\lambda_i} \frac{\partial \lambda_i}{\partial a} = 0$ が成り立つ。これは，ポアソン回帰が最大化する $\sum (y_i \log \lambda_i - \lambda_i)$ を a で微分したものを 0 と置いた式と同じであることが確かめられる。

このループによる方法は，`glm()` が収束しないときにも使えるので，知っていて損はしない。

✎ このことから，nlme パッケージの非線形な最小2乗法 `gnls()` でオプション

```
weights=varPower(fixed=0.5)
```

を与えると非線形ポアソン回帰ができる理由が推測できる。この関数は初期値によってはうまく収束しないので，なるべく正解に近い初期値を与える：

```
library(nlme)
data = data.frame(y=y, x=x)
gnls(y ~ a * x + b, data=data,
     start=list(a=0.9,b=1.3), weights=varPower(fixed=0.5))
```

9.6　ポアソン回帰のあてはまりの良さ

上のポアソン回帰の問題をもう一度，標準的な方法で，しっかり解いてみよう。

```
> x = c(1,2,3,4)
> y = c(2,3,5,4)
> r = glm(y ~ x, family=poisson(link="identity"))
> summary(r)

Call:
glm(formula = y ~ x, family = poisson(link = "identity"))
```

```
Deviance Residuals:
      1         2         3         4
-0.11496  -0.03194   0.51015  -0.39066

Coefficients:
            Estimate Std. Error z value Pr(>|z|)
(Intercept)   1.2784     1.9766   0.647    0.518
x             0.8887     0.8141   1.092    0.275

(Dispersion parameter for poisson family taken to be 1)

    Null deviance: 1.4716  on 3  degrees of freedom
Residual deviance: 0.4271  on 2  degrees of freedom
AIC: 16.779

Number of Fisher Scoring iterations: 5
```

ここで出てくる **deviance**（ディーヴィアンス，逸脱度，乖離度，尤離度）というものが，あてはまりの良さを表す量である．定義は

$$2\sum((y_i \log y_i - y_i) - (y_i \log \lambda_i - \lambda_i))$$

である．つまり，考えているモデルで最大にした対数尤度と，データとぴったり合うモデル $\lambda_i = y_i$ の対数尤度との差の2倍である．実際に計算してみよう：

```
> lambda = predict(r)
> 2 * sum((y*log(y)-y) - (y*log(lambda)-lambda))
[1] 0.4270962
```

これが「Residual deviance」として出ているものである．これは，正規分布のときのカイ2乗統計量に相当するものである（正規分布で対数尤度に -2 を掛ければカイ2乗になるという話と比較されたい）．これが自由度の数（データの数からモデルのパラメータの数を引いたもの）と比べて大きすぎると，あてはまりが悪いことになる．逆に，小さすぎる（0に近すぎる）と，ポアソン分布であるというモデル自体がおかしい可能性がある．

ちなみに，λ_i はどれも等しくてデータ y_i の平均値に等しいという，まったく平らなモデル $\lambda_i = 3.5$ を考えると，

```
> 2 * sum((y*log(y)-y) - (y*log(3.5)-3.5))
[1] 1.471633
```

となる．これが「Null deviance」として出てくるものである．

あてはまりの良さを一つの数値で表すのは便利だが，グラフで確認するのも必要である．図9.5は，データから計算した95％信頼区間と，フィットした直線を描いたものである．これは次のようにして描いた：

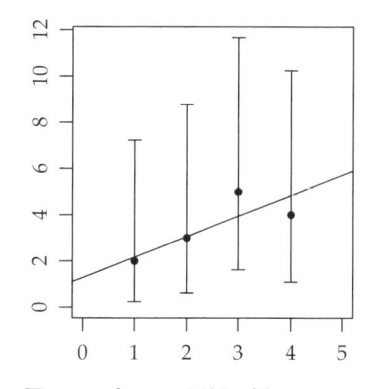

図9.5 ポアソン回帰の例1

```
ci = sapply(1:4, function(i){poisson.test(y[i])$conf.int})
r = glm(y ~ x, family=poisson(link="identity"))
plot(x, y, type="p", pch=16, xlim=c(0,5), ylim=range(c(0,ci)))
```

```
abline(r)
arrows(x, ci[1,], x, ci[2,], length=0.05, angle=90, code=3)
```

ちなみに，y が 0 を含むことはよくあるが，$0 \times \log 0 = 0$ として計算する：

```
2 * sum((y*log(y)-y) - (y*log(lambda)-lambda), na.rm=TRUE)
```

別の例を挙げる。

四つの町がある。各町の人口（10万人単位）は

```
p = c(0.01, 1, 1, 0.1)
```

であった。また，各町の汚染度を調べたところ，それぞれ

```
x = c(1, 2, 3, 4)
```

であった。これらの町で，ある病気で受診した患者の数が

```
y = c(0, 12, 9, 1)
```

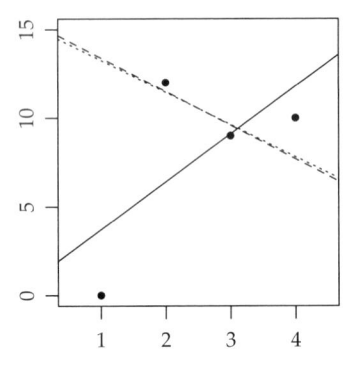

図 9.6　ポアソン回帰の例 2

人であった。これは 10 万人あたりの人数で表すと

```
z = y / p
```

である。これを $z \sim ax+b$ のような 1 次式でフィットしたいが，そのまま最小 2 乗法でフィットすると，図 9.6 の実線のようになる。

```
r1 = lm(z ~ x)
plot(x, z, type="p", pch=16, xlim=c(0.5,4.5), ylim=c(0,15))
abline(r1)
```

でも，これでは人口 1000 人の村も人口 10 万人の都市も同じ重さでフィットされてしまう。人口に比例した重みを付けてみよう：

```
r2 = lm(z ~ x, weights=p)
abline(r2, lty=2)
```

これは図 9.6 の破線のようになる。

この問題をポアソン回帰で考えてみよう。$y/p \sim ax+b$ のようにフィットしたいが，実際の人数は y であり，ポアソン回帰では $y \sim axp+bp$ のフィットになる。$q = xp$ と置いて glm(y ~ q + p, ...) と書けそうだが，この場合は定数項は不要なので，glm(y ~ q + p - 1, ...) という書き方をする。図は点線のようになり，ほぼ破線と一致する。

```
q = x * p
r3 = glm(y ~ q + p - 1, family=poisson(link="identity"))
abline(r3$coef['p'], r3$coef['q'], lty=3)
```

つまり，単純な最小 2 乗法では，汚染 (x) と発病率 ($z = y/p$) は正の相関をするが，ポアソン回帰や，その近似としての重み付き最小 2 乗法では，負の

相関になる。

なお，この例は単なる計算のしかたを説明するためのもので，こんなに少ないデータでは，傾きの正負は有意に定まらない。実際，`summary(r2)` としてみると，重み付き最小 2 乗法の傾きの p 値は 0.309 であり，`summary(r3)` としてみると，ポアソン回帰の傾きのおおざっぱな p 値は 0.619 である（`glm(family=poisson)` の p 値は尤度が最大の点のまわりで正規分布近似して出しているので正確ではない）。

> ✎ 年齢調整をした場合でも，年齢調整は元の人数データの 1 次関数であり，同じ方法で定式化することができる。

9.7 ロジスティック回帰

n 人について m 個の変数を測定した。i 番の人の j 番の変数の値を x_{ij} とする。また，i 番の人がある性質を満たすならば $y_i = 1$，そうでなければ $y_i = 0$ で表す。ここで y_i を x_{ij} から予測するのが問題である。具体的には，模擬試験や内申書の成績から入試の合否を予測する問題や，性別・年齢・血圧などから病気を予測する問題がこれである。

このように結果が 0 か 1 かに限られる場合は，結果が 1 となる確率 p_i を x_{ij} についての線形の式で予測することが考えられる。しかし，確率は $0 \leq p_i \leq 1$ の範囲に限られるので，

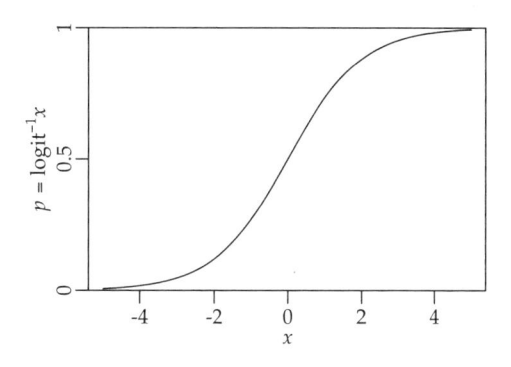

図 9.7　ロジスティック曲線 $p = e^x/(1+e^x)$

$$\text{logit}(p) = \log \frac{p}{1-p} \qquad p = \text{logit}^{-1}(x) = \frac{e^x}{1+e^x} = \frac{1}{1+e^{-x}} \qquad (9.1)$$

という関数を考えて，

$$\text{logit}(p_i) = \sum_{j=1}^{m} b_j x_{ij} + c_j$$

という式で予測する。変数 y_i は，確率 p_i で 1 になり，確率 $1 - p_i$ で 0 になる 2 項分布をすると考える。このような予測式を作ることを**ロジスティック回帰**という。ここで使われる図 9.7 のような曲線をロジスティック曲線という。

まず例題用のデータを乱数で作る。ここでは次のようにして 100 人 × 10 個の説明変数 `x[1:100,1:10]` と 1 個の目的変数 `y[1:100]` とを作った：

```
set.seed(1)
x = matrix(round(rnorm(1000,mean=50,sd=10)), ncol=10)
invlogit = function(x){exp(x)/(1+exp(x))}
```

```
y = sapply(1:100, function(i){rbinom(1, 1, invlogit((x[i,]-50) %*% (1:10)/100))})
```

実際のロジスティック回帰は次のコマンドで行う：

```
r1 = glm(y ~ x[,1]+x[,2]+x[,3]+x[,4]+x[,5]+x[,6]+x[,7]+x[,8]+x[,9]+x[,10],
         family=binomial(link="logit"))
```

結果は r1 に入る。そのサマリーを出力させる：

```
> summary(r1)

Call:
glm(formula = y ~ x[, 1] + x[, 2] + x[, 3] + x[, 4] + x[, 5] + x[, 6] +
    x[, 7] + x[, 8] + x[, 9] + x[, 10], family = binomial(link = "logit"))

Deviance Residuals:
     Min        1Q    Median        3Q       Max
-2.63394  -0.50453  -0.05924   0.44280   2.00046

Coefficients:
             Estimate Std. Error z value Pr(>|z|)
(Intercept) -37.75406    8.42380  -4.482 7.4e-06 ***
x[, 1]        0.03587    0.03833   0.936 0.349244
x[, 2]       -0.01386    0.03479  -0.398 0.690441
x[, 3]        0.04029    0.02963   1.360 0.173892
x[, 4]        0.08904    0.03645   2.443 0.014576 *
x[, 5]        0.09239    0.03604   2.564 0.010356 *
x[, 6]        0.11091    0.03796   2.922 0.003480 **
x[, 7]        0.05678    0.03159   1.798 0.072239 .
x[, 8]        0.09457    0.03746   2.524 0.011591 *
x[, 9]        0.15957    0.04533   3.520 0.000432 ***
x[, 10]       0.08699    0.03274   2.657 0.007889 **
---
Signif. codes:  0 '***' 0.001 '**' 0.01 '*' 0.05 '.' 0.1 ' ' 1

(Dispersion parameter for binomial family taken to be 1)

    Null deviance: 138.269  on 99  degrees of freedom
Residual deviance:  69.291  on 89  degrees of freedom
AIC: 91.291

Number of Fisher Scoring iterations: 6
```

係数は非常に有意なもの (***) からまったく有意でないもの（無印）まで多様である。そこで，有意でない変数を外していけば，予測式はより安定する。どれくらい良い予測式であるかを評価するための指標はいろいろ考えられるが，ここでは AIC（赤池情報量規準，An Information Criterion, Akaike's Information Criterion）というものが使われている。これは最大対数尤度の -2 倍にモデルのパラメータの個数の 2 倍を加えたもの（AIC $= -2\log L + 2k$）であり，この値が小さいほど望ましいとされる。

あまり関係なさそうな変数を手作業で除いていってもよいが，自動化するには，step() という関数を使う：

9.7 ロジスティック回帰

```
> step(r1)
Start:  AIC=91.29
y ~ x[, 1] + x[, 2] + x[, 3] + x[, 4] + x[, 5] + x[, 6] + x[,
    7] + x[, 8] + x[, 9] + x[, 10]

...(中略)...

Step:  AIC=87.92
y ~ x[, 4] + x[, 5] + x[, 6] + x[, 7] + x[, 8] + x[, 9] + x[,
    10]

...(後略)...
```

これは，デフォルトではフルモデルから1個ずつ変数を外すことを試み，外すと一番AICが良く（小さく）なるものを実際に外す．外すことによってAICが改善しなくなるまで続ける．最終的には変数 2, 1, 3 がこの順に外され，変数 4〜10 が残る．その時点での AIC は 87.92 である．

変数 4〜10 が残った時点であらためて計算してみる：

```
r = glm(y ~ x[,4] + x[,5] + x[,6] + x[,7] + x[,8] + x[,9] + x[,10],
        family=binomial(link="logit"))
summary(r)
```

結果は次のようになる：

```
Call:
glm(formula = y ~ x[, 4] + x[, 5] + x[, 6] + x[, 7] + x[, 8] +
    x[, 9] + x[, 10], family = binomial(link = "logit"))

Deviance Residuals:
    Min       1Q   Median       3Q      Max
-2.17312  -0.53009  -0.09058   0.46361   1.96882

Coefficients:
             Estimate Std. Error z value Pr(>|z|)
(Intercept) -32.42913    6.80960  -4.762 1.91e-06 ***
x[, 4]        0.08389    0.03498   2.398 0.016464 *
x[, 5]        0.08887    0.03315   2.681 0.007347 **
x[, 6]        0.10510    0.03747   2.805 0.005035 **
x[, 7]        0.05809    0.02937   1.978 0.047950 *
x[, 8]        0.08352    0.03587   2.328 0.019893 *
x[, 9]        0.15230    0.04363   3.491 0.000482 ***
x[, 10]       0.07626    0.02950   2.585 0.009733 **
---
Signif. codes:  0 '***' 0.001 '**' 0.01 '*' 0.05 '.' 0.1 ' ' 1

(Dispersion parameter for binomial family taken to be 1)

    Null deviance: 138.269  on 99  degrees of freedom
Residual deviance:  71.922  on 92  degrees of freedom
AIC: 87.922

Number of Fisher Scoring iterations: 6
```

つまり，予測式は次のようになる：

$$\text{logit}(p_i) = 0.08389 x_{i4} + 0.08887 x_{i5} + \cdots + 0.07626 x_{i,10} - 32.42913$$

この予測式から求めた p_i は fitted() という関数で求められる。これを横軸に，実際の値 y_i を縦軸にとってプロットすると図 9.8 のようになる：

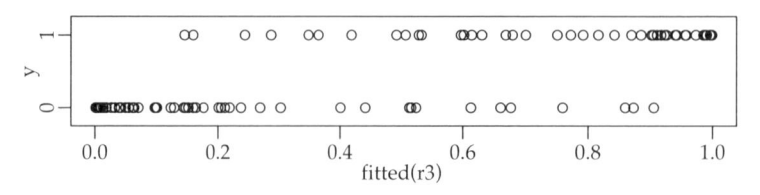

図 9.8　ロジスティック回帰による予測結果

❧ 図 9.8 は次のようにして描いた。

```
plot(fitted(r), y, ylim=c(-0.2,1.2), yaxt="n")
axis(2, c(0,1))
```

なお，fitted(r) は invlogit(predict(r)) とも書ける。

❧ glm() が「アルゴリズムは収束しませんでした」「数値的に 0 か 1 である確率が生じました」のような警告を出すことがある。ここで図 9.8 に相当するものを描いてみると，きれいに 0 と 1 が分離していることがある。こういう「完全な予測」は，現実のデータではあまり起こらないはずであるが，きちんと予測できるなら，これでも問題ないだろう。

❧ 通常の線形回帰分析 lm() でも同様の変数選択が行える。

```
r1 = lm(y ~ x[,1]+x[,2]+x[,3]+x[,4]+x[,5]+x[,6]+x[,7]+x[,8]+x[,9]+x[,10])
r2 = step(r1)
...
```

❧ step() は変数のサブセットを全部試してくれるわけではない。全部試したければ bestglm パッケージの bestglm() を使う：

```
> install.packages("bestglm")
> library(bestglm)
> Xy = data.frame(x, y)
> bestglm(Xy, family=binomial(link="logit"), IC="AIC")
```

AIC だけでなく，BIC や CV（cross-validation）などもできる。ただし，変数が多いと時間がかかる。

❧ 式 (9.1) で $p_i = \text{logit}^{-1}(a_i(x - b_i))$ を学力 x の人が i 番目の問題に正答する確率と考えれば，**項目反応理論**（項目応答理論，item response theory，IRT）になる。識別力 a_i，困難度 b_i，学力 x はデータから最尤法などで推定する。

9.8　ROC 曲線

上の fitted(r) の値から y の値（0 または 1）を予測することを考える。これは，試験の点数から大学に合格（1）か不合格（0）かを予測したり，検査値から病気（1）か健康（0）かを判断することと考えればよい。

例えば fitted(r) が 0.5 未満か 0.5 以上かで y が 0 か 1 かを判断することが考えられる。fitted(r) < 0.5 を陰性（negative），fitted(r) ≥ 0.5 を陽性（positive）と呼ぼう。

```
> table(fitted(r) >= 0.5, y)
        y
         0  1
  FALSE 43  8
  TRUE  10 39
```

とすればわかるように，y = 0 のうち陽性（偽陽性，false positive）が 10 通りで，その割合は $10/(43+10) = 0.19$ である。また，y = 1 のうち陽性（真陽性，true positive）が 39 通りで，その割合は $39/(8+39) = 0.83$ である。つまり，

$$(偽陽性率, 真陽性率) = (0.19, 0.83)$$

である。これは陰性と陽性の境目を 0.5 とした場合であるが，この境目（閾値，カットオフポイント）をいろいろ変えてみると，(偽陽性率,真陽性率) は (0,0) から (1,1) まで変化する。その軌跡をプロットしたものが図 9.9 のような ROC 曲線である。

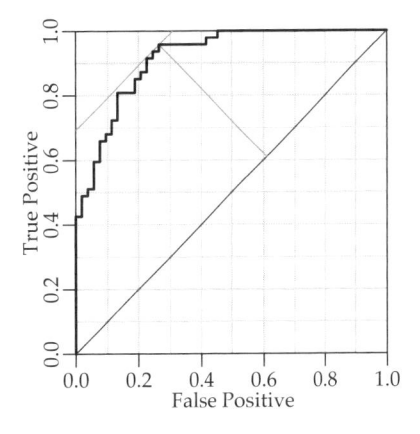

図 9.9　ROC 曲線

陰性・陽性，偽・真の 2 × 2 表を**混同行列**（confusion matrix）という（図 9.10）。

> ROC は Receiver Operating Characteristic の略で，第 2 次大戦のときに米国のレーダーの研究から生まれた概念である。受信者操作特性あるいは受信者動作特性などと訳されることがある（医療方面では受信が受診と書かれること

	偽 (y = 0)	真 (y = 1)
negative 陰性	true negative rate (specificity) 真陰性率（特異度）	false negative rate 偽陰性率
positive 陽性	false positive rate 偽陽性率	true positive rate (sensitivity) 真陽性率（感度）

図 9.10　混同行列

もある)。しっくりしない訳語なので，ここでは単に ROC と書くことにする。

ROC 曲線下の面積（area under the curve，AUC）は，分類器（分類のアルゴリズム）の性能の良さを表す指標としてよく使われる。0 から 1 までの値をとり，完全な分類が可能なときは 1，ランダムな分類の場合は 0.5 になる。

R で ROC 曲線を描く関数はたくさんあるが，ここでは Fawcett [58] のアルゴリズムを使った拙作の関数 ROC() を使う。やや長いので本書サポートページに ROC.R として置いておく。

```
> ROC(fitted(r), y)
AUC = 0.9189081 th = 0.2447937
BER = 0.1533521 OR = 62.67857
          Actual
Predicted  0  1
    FALSE 39  2
    TRUE  14 45
```

th = 0.2447937 は図 9.9 の上段（$y_i = 1$）の左から 3 番目の点の横座標（p_i）である。この点を含めてその右側を 1 と予測すれば，上段の左側 2 個は偽陰性（false negative），下段の右側 14 個は偽陽性（false positive）になる。この点は，偽陰性率 2/47 と偽陽性率 14/53 の平均（Balanced Error Rate，BER）を最小にする点である。このとき，オッズ比（odds ratio，OR）は (39/2)/(14/45) = 62.67857 になる。この点を予測のしきい値とするのがベストというわけではなく，偽陰性率（間違って 0 だと予測してしまう率）と偽陽性率（間違って 1 だと予測してしまう率）を天秤にかけて決めればよい。

Chapter 10

ピークフィット

　測定されたデータはほとんどがノイズ（雑音）で，その上にかすかに見えるシグナル（信号）を拾う。はるかかなたの天体からやってくる重力波，ほとんど見えないHiggs粒子，自然放射線に埋もれたわずかな原発事故起源の放射線をとらえる。この手法は，理系分野に限らず，広く利用されている。そういえば，野球・選挙などの予測で有名なNate Silverの著書の題名も *The Signal and the Noise* であった [59]。

　図10.1は，どちらもヒストグラム（度数分布図）である。縦軸が個数で，横軸は何らかの値を階級（ビン）に分けたものである。ビン（bin）ということばは階級より中立的であり，よく使われる。英語のbinはゴミ箱のような入れ物全般を指すことばであるが，日本語の瓶を連想してもよい。この章ではビンに分けたデータからピーク（部分的に盛り上がった信号）をフィットする問題を主に扱うが，最後にビンに分けない（unbinned）データも扱う。

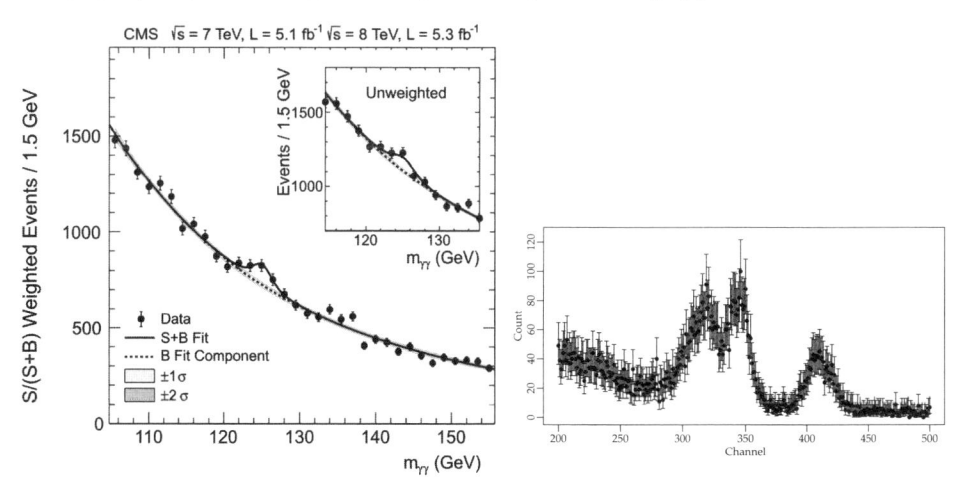

図10.1　左：Higgs粒子発見の論文の一つ[60]から，2個の光子を観測した事象の個数のエネルギー分布。125 GeVあたりに見えるのがHiggs粒子。右：福島原発周辺の汚染土の典型的なガンマ線スペクトル。中央がセシウム137（^{137}Cs）の山，両側がセシウム134（^{134}Cs）の山。これくらいはっきりしていれば汚染が明らかであるが，なんとなくこんもりしている感じのグラフの場合は，正しい統計的方法を用いないと，ありもしない放射性物質を誤検出してしまうことがよくある。

10.1　簡単な例題

平均 10，標準偏差 3 の正規分布の密度関数 $\frac{1}{\sqrt{2\pi}\cdot 3}e^{-(x-10)^2/(2\cdot 3^2)}$ と指数関数 $e^{-x/10}$ とを 50 : 10 で混ぜ合わせた簡単な関数を考える：

$$\mu(x) = \frac{50}{\sqrt{2\pi}\cdot 3}e^{-(x-10)^2/(2\cdot 3^2)} + 10e^{-x/10}$$

この関数のグラフ（図 10.2）は次のようにして描ける：

```
s = function(x) { 50 * dnorm(x, mean=10, sd=3) }   # 信号
b = function(x) { 10 * exp(-x / 10) }              # バックグラウンド（ノイズ）
f = function(x) { s(x) + b(x) }
curve(f, xlim=c(1,20), ylim=c(0,11), xlab="", ylab="")
curve(s, lty=2, add=TRUE)
curve(b, lty=2, add=TRUE)
```

$x = 1, 2, \ldots, 20$ について，上の式で与えられる値を平均値とするポアソン分布の乱数 y を発生する：

```
y = sapply(1:20, function(x){rpois(1,f(x))})
```

以下では次のような乱数ができたとする：

```
y = c(11,4,13,10,4,8,6,16,7,12,10,13,6,5,1,4,2,0,0,1)
```

小学校で描いたようなドットプロット（ストリップチャート）で描いてみよう（図 10.3 左）：

```
stripchart(rep(1:20,y), pch=16, method="stack", at=0, offset=0.5)
```

あるいは，データに 95 ％信頼区間のエラーバーを付けて，元の曲線と重ねてみよう（図 10.3 右）：

```
ci = sapply(1:20, function(i){poisson.test(y[i])$conf.int})
```

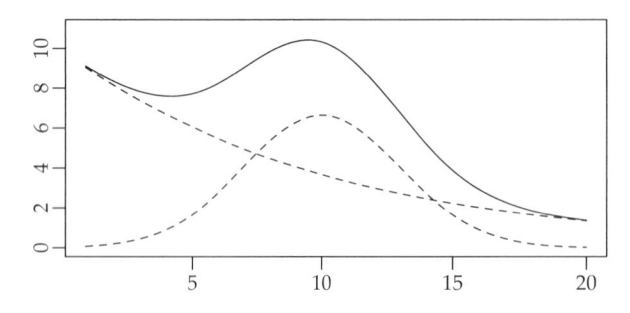

図 10.2　正規分布の密度関数と指数関数とを合成したモデル関数

10.1 簡単な例題

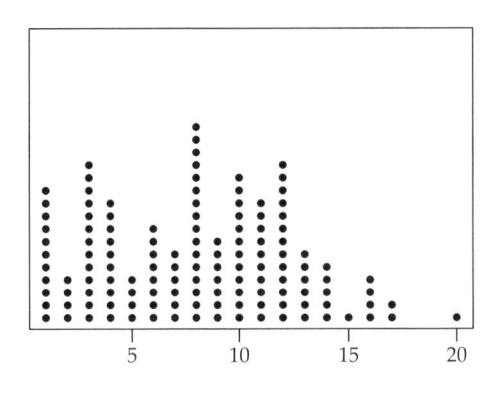

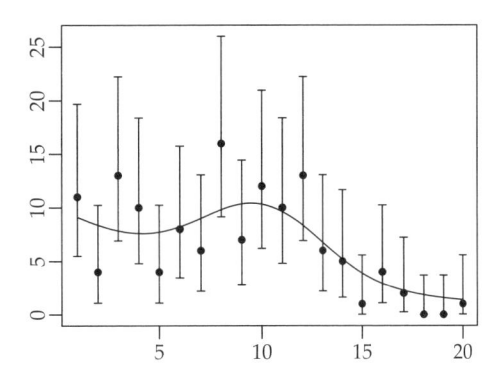

図 10.3　ストリップチャートとエラーバー付きプロット

```
plot(1:20, y, type="p", pch=16, xlab="", ylab="", ylim=range(ci))
arrows(1:20, ci[1,], 1:20, ci[2,], length=0.03, angle=90, code=3)
curve(f, add=TRUE)
```

このようなデータは，よく片方の軸（この場合は縦軸）だけが対数目盛の片対数グラフにすることがある（図 10.4 左）：

```
plot(1:20, y, type="p", pch=16, xlab="", ylab="", ylim=range(c(1,ci[2,])),
     log="y")
arrows(1:20, ci[1,], 1:20, ci[2,], length=0.03, angle=90, code=3)
```

ただ，対数だとカウント 0 が表示できない。折衷案として，誤差がほぼ平方根に比例するというポアソン分布の性質を使って，縦軸を平方根にしたルートグラム（rootogram）はどうだろうか（図 10.4 右）：

```
plot(1:20, sqrt(y), type="p", pch=16, xlab="", ylab="", yaxt="n",
     ylim=sqrt(range(ci)))
arrows(1:20, sqrt(ci[1,]), 1:20, sqrt(ci[2,]), length=0.03, angle=90, code=3)
t = c(0,5,10,15,20);  axis(2, sqrt(t), t)
```

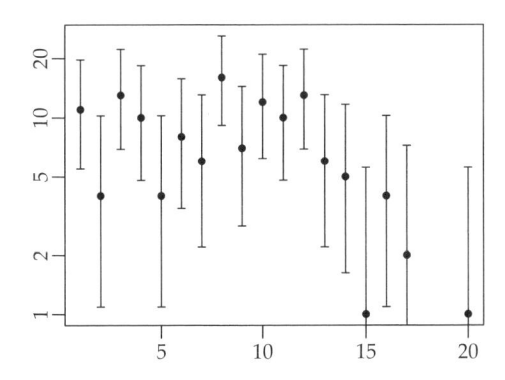

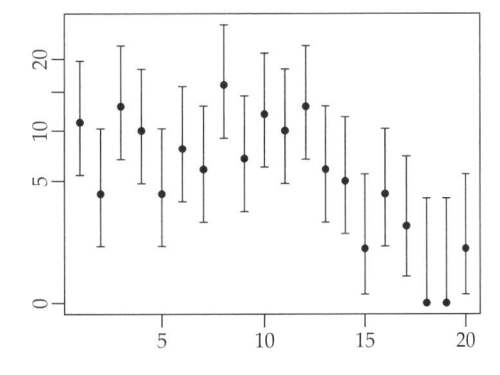

図 10.4　小さい値から大きい値までを表示するために左のような片対数グラフがよく使われるが，カウント（計数）データに用いると，小さい値を拡大しすぎ，カウント 0 が表示できないという問題がある。0 から表示できて大きい値を圧縮するには，右のような平方根目盛のルートグラムが便利である。ポアソン分布の性質により，エラーバーの長さがほぼ一定になる。

10.2 フィッティング

上のデータは

$$\mu_i = \frac{a}{\sqrt{2\pi}\cdot 3} e^{-(x_i-10)^2/(2\cdot 3^2)} + be^{-x_i/10}$$

という形の式で $a=50$, $b=10$ と置いたものから導かれたものである（a と b はそれぞれ activity, background の語呂合せである）。しかし，実際には a,b は知られていない。データからこれらのパラメータの値を推測するのがフィッティングの問題である。

よく使われているのが，実測値 y_i との差の 2 乗和

$$\sum_{i=1}^{20}(y_i-\mu_i)^2$$

を最小にする a,b を求める最小 2 乗法である。これは，大きい値も小さい値も同じくらいがんばってフィットしようとする。しかし，個数の場合，1 個が 2 個になるのと，1001 個が 1002 個になるのでは，前者のほうが大きな変化のように感じられる。同じ差でも大きい値のときは小さい値のときより軽く見る重み付き最小 2 乗法のほうがベターである。重みを実測値 y_i の逆数とすれば，

$$\sum_{i=1}^{20}\frac{(y_i-\mu_i)^2}{y_i}$$

を最小にする a,b を求めればよい。ただし，このままでは $y_i=0$ があると使えない。そこで，$y_i=0$ を無視したり，分割を荒くしてゼロになる階級（ビン）をなくしたり，分母を y_i+1 にしたりして逃げる。

もっとよい方法としては，データが個数であり，個数の分布はポアソン分布と考えられることを使って，最尤法でパラメータを推定する。具体的には，実測値の集合 $\{y_i\}$ が生じる確率の積

$$L=\prod_{i=1}^{20}\frac{\mu_i^{y_i}e^{-\mu_i}}{y_i!}$$

を最大にする a,b を求める。もっとも，積は扱いにくいので，両辺の対数をとって足し算に直す。つまり，対数尤度

$$\log L = \sum_{i=1}^{20}(y_i\log\mu_i - \mu_i - y_i!)$$

を最大にする a,b を求める。ただし，データ y_i は与えられた固定値であるので，対数尤度の計算から省いて，

$$\log L = \sum_{i=1}^{20}(y_i\log\mu_i - \mu_i)$$

を最大にすると考えてもかまわない。

10.2 フィッティング

✎ 最尤法で誤差分布としてポアソン分布でなく正規分布を仮定すれば，$L = \prod \exp(-(y_i - \mu_i)^2 / 2\sigma^2) \times$ 定数 であるから，$\log L = -\sum (y_i - \mu_i)^2 / 2\sigma^2 +$ 定数 となり，最小2乗法に帰着する．この意味では，最小2乗法は最尤法の一種である．

実際に上記の $\log L$ が最大になる点を求めてみよう．ここでは関数を最小化するRの関数 optim() を使って $-\log L$ を最小化する．

```
x = 1:20
y = c(11,4,13,10,4,8,6,16,7,12,10,13,6,5,1,4,2,0,0,1)
d = dnorm(x, 10, 3)
e = exp(-x/10)
f = function(arg) {
  a = arg[1];  b = arg[2]
  mu = a * d + b * e
  -sum(y * log(mu) - mu)
}
optim(c(50,10), f)    # (50,10) は初期値
```

点 $(a, b) = (57.14, 9.23)$ あたりで最小値 $-\log L = -144.5676$ をとることがわかる．

ところで，ここでは a が信号で b はバックグラウンドである．与えられた a について，b だけを調節して尤度を最大にした値を $L(a)$ と書くことにする．$\log L(a)$ をプロットしてみよう（図10.5）．ここでは b についての1次元の最大化を optimize() という関数で行っている．第2引数 c(0,100) は $0 \le b \le 100$ の範囲で最大化することを意味する．

```
logL = function(a) {
  optimize(function(b){sum(y*log(a*d+b*e)-(a*d+b*e))},
           c(0,100), maximum=TRUE)$objective
}
plot(30:90, sapply(30:90,logL), type="l", xlab="a", ylab="log L(a)")
```

上に凸の放物線に近い曲線で，最大値はさきほど求めた $\log L = 144.5676$ に一致する．

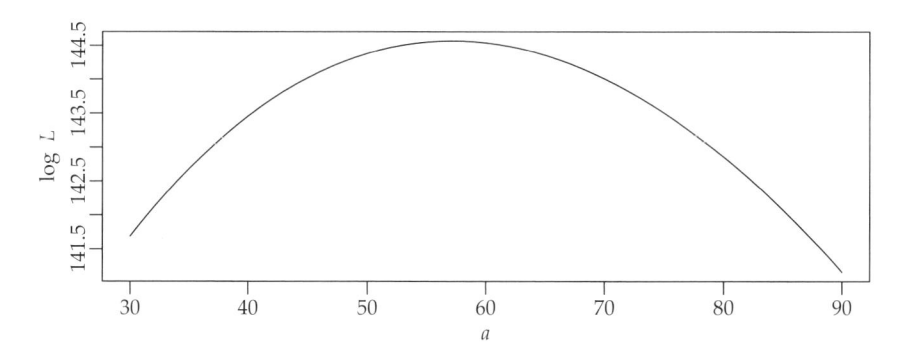

図 10.5　対数尤度の最大値付近

第 3.9 節でも述べたように，$\log L$ が最大値から 0.5 だけ下がった点，つまり $\log L(a) = 144.5676 - 0.5$ の解 a が，$\pm\sigma$（ほぼ 68％信頼区間）に相当する。図から読み取るか，あるいは方程式の解を求める関数 `uniroot()` を使って

```
uniroot(function(a){logL1(a)-(144.5676-0.5)}, c(40,60))
uniroot(function(a){logL1(a)-(144.5676-0.5)}, c(60,80))
```

で計算すれば，$[45.5, 69.3]$ が a のほぼ 68％信頼区間であることがわかる。同様に，最大値から $n^2/2$ だけ下がった点が $\pm n\sigma$ に相当する信頼区間になる。

10.3　一般化線形モデル

より簡単に R でポアソン分布による最尤法を計算するには，

```
x = 1:20
y = c(11,4,13,10,4,8,6,16,7,12,10,13,6,5,1,4,2,0,0,1)
```

のようにデータを設定して，

```
r = glm(y ~ dnorm(x,10,3) + exp(-x/10) - 1, family=poisson(link="identity"))
```

と打ち込む。関数 `glm()` の名前は**一般化線形モデル**（generalized linear model）から来ている [62]。

ここでは結果を `r` というオブジェクトに代入しているので，`r` と打ち込めば結果が表示される。もっと詳しい結果を表示するには `summary(r)` と打ち込む。主な結果は次のようになる：

```
Coefficients:
             Estimate Std. Error z value Pr(>|z|)
dnorm(x, 10, 3)   57.139     12.131   4.710 2.48e-06 ***
exp(-x/10)         9.234      1.566   5.897 3.70e-09 ***
```

これは，$a = 57.139 \pm 12.131$，$b = 9.234 \pm 1.566$ を意味する（$\pm$ に続く部分は標準誤差）。誤差の共分散行列は `vcov(r)` と打ち込めば表示される：

```
                dnorm(x, 10, 3) exp(-x/10)
dnorm(x, 10, 3)     147.16953  -10.933472
exp(-x/10)          -10.93347    2.451703
```

つまり，次の式でフィットできることがわかった：

$$\mu_i = \frac{57.139}{\sqrt{2\pi} \cdot 3} e^{-(x_i - 10)^2/(2 \cdot 3^2)} + 9.234 e^{-x_i/10}$$

カウント数に焼き直せば，`sum(57.139 * dnorm(x,10,3))` で 57.08，`sum(9.234 * exp(-x/10))` で 75.92，合わせて 133 で，データの全体の個数 `sum(y)` と一致する。

✎ このように最尤法を使ったポアソンフィッティングでは全体の個数が保存される。なぜならば，和 $\sum(y_i \log \mu_i - \mu_i)$ を最大にする μ_i を求める際に，μ_i 全体の大きさを決めるパラメータ a があれば $\mu_i = a\lambda_i$ のように書け，これを代入して a で微分すると $\sum(y_i/a - \lambda_i) = 0$ つまり $\sum y_i = \sum a\lambda_i = \sum \mu_i$ が得られる。このことは，フィットする関数のピークの形がデータのピークの形と異なっても，ピークの下の面積は正確に求められることを意味する。これは非常に有用な性質である（最小 2 乗法も同じ性質を持つ）。

10.4 非線形一般化線形モデル

さきほどは

```
x = 1:20
y = c(11,4,13,10,4,8,6,16,7,12,10,13,6,5,1,4,2,0,0,1)
```

というデータを使って

```
r = glm(y ~ dnorm(x,10,3) + exp(-x/10) - 1, family=poisson(link="identity"))
```

でフィットしたが，ここではピークの位置 10，ピークの幅 3 を固定していた。これらも自由に動かして，最もよくフィットするようにしたい。

optim() のような一般的な最小化の方法を使ってもよいが，**nlme**（nonlinear mixed effects）パッケージの gnls()（generalized nonlinear least-squares）という関数を使うほうが便利である [63]。オプションとして varPower(fixed=0.5) を与えれば，ポアソン分布を仮定した最尤法と同じことになる。収束しない場合は，初期値 start=..., 許容誤差 nlsTol=... を変えてみる。

```
library(nlme)
data = data.frame(x, y)
r = gnls(y ~ a * dnorm(x,m,s) + b * exp(-x/10), data=data,
         start=list(a=50,b=10,m=10,s=3),
         weights=varPower(fixed=0.5),
         control=list(nlsTol=1e-5))
```

これで summary(r) と打ち込めば，いろいろ出力されるが，

```
Coefficients:
      Value Std.Error    t-value p-value
a  48.76802 15.070588   3.235973  0.0052
b  10.24538  2.025268   5.058778  0.0001
m  10.19476  0.654146  15.584844  0.0000
s   2.28875  0.669822   3.416955  0.0035
```

を見れば，$a = 48.768 \pm 15.071$, $b = 10.245 \pm 2.025$, $m = 10.195 \pm 0.654$, $s = 2.289 \pm 0.670$ がわかる。ちなみに，係数の並びは coef(r) でも求められる。

係数 a だけなら coef(r)['a'] である。また，係数の分散共分散行列は vcov(r) でも求められる。係数 m と s の共分散なら vcov(r)['m','s'] である。

10.5 度数分布を使わないフィッティング

最初に述べたように，度数分布の一つ一つの区間のことをよく「ビン」(bin) という。最尤法を使ったポアソンフィッティングでは，ビンをどんどん細分化して，一つのビンに入る個数がほとんど0か1になるくらいにしても，結果は変わらない。したがって，通常はビン分けによる分解能の劣化は気にしないでよいが，まったく度数分布を使わないことも可能である。この方法は unbinned な（ビン分けしない）方法と呼ばれる。

例えば，さきほどの度数分布のデータ

```
x = 1:20
y = c(11,4,13,10,4,8,6,16,7,12,10,13,6,5,1,4,2,0,0,1)
```

は x が y 回ずつ繰り返されるので，

```
z = rep(x, y)
```

のように展開すれば，z は 1 が 11 個，2 が 4 個，3 が 13 個，…，20 が 1 個という 133 個の数値になる。これらはすべて整数値なので幅1の度数分布にしても情報は失われず，unbinned な方法を使う意味はないが，以下では説明のためにこのデータ z を使って説明する。

まずはパラメータ1個の簡単な例から始めよう。さきほどのデータは指数関数と正規分布の密度関数を混ぜ合わせたものであったが，データから両者の混合比を求めてみよう。

まず，考えている区間で，両方の関数のグラフ下の面積を1に揃える（規格化，normalization）。実際には定積分して1（あるいは一定の値）になるようにするが，ここでは整数のデータなので単純に和が1になるようにすればよい。具体的には，sum(exp(-x/10)) と打ち込むと答えは 8.221519 になるので，

$$g(x) = e^{-x/10}/8.221519$$

が規格化された関数である。同様に，sum(dnorm(x,10,3) は 0.9990481 であるので，

$$h(x) = \frac{1}{0.9990481} \cdot \frac{1}{\sqrt{2\pi} \cdot 3} e^{-(x-10)^2/(2 \cdot 3^2)}$$

が規格化された関数である。これらの混合

$$L = \prod_{i=1}^{133} (tg(z_i) + (1-t)h(z_i))$$

10.5 度数分布を使わないフィッティング

が尤度関数になる。両辺の対数をとって

$$\log L = \sum_{i=1}^{133} \log(tg(z_i) + (1-t)h(z_i))$$

を最大にする。

```
g = function(x) { exp(-x/10) / 8.221519 }
h = function(x) { dnorm(x,10,3) / 0.9990481 }
f = function(t) { sum(log(t * g(z) + (1-t) * h(z))) }
optimize(f, c(0,1), maximum=TRUE)
```

最大値は $f(0.5707911) = -372.8489$ であることがわかる。最大値付近のグラフは図10.6のようになる。最大値から0.5下がったところに横線を引いた。

```
t = (45:70)/100
plot(t, sapply(t,f), type="l", xlab="t", ylab="log L")
abline(h=-372.8489-0.5)
```

さきほど説明した理由により、対数尤度関数の最大値から0.5を引いたところの横軸 0.57 ± 0.08 がほぼ $\pm\sigma$ 相当の誤差（およそ68%信頼区間）になる。交点を正確に求めるには次のように打ち込む。

```
uniroot(function(t){f(t)-(-372.8489-0.5)}, c(0,0.57))
uniroot(function(t){f(t)-(-372.8489-0.5)}, c(0.57,1))
```

ちなみに、全体の個数が133個の場合、`0.5707911 * 133` を計算すると75.92になり、度数分布を使った方法と一致する。

さて、ここまでは全体の個数が133であるという情報を使っていない。これを使うには、尤度に全体の個数の分布を掛けなければならない。個数の真の値を ν、それぞれの部分の個数の真の値を $\nu_1 = \nu t$, $\nu_2 = \nu(1-t)$ とすると、

$$L = \frac{\nu^{133} e^{-\nu}}{133!} \prod_{i=1}^{133} (tg(z_i) + (1-t)h(z_i)) = \frac{e^{-\nu_1-\nu_2}}{133!} \prod_{i=1}^{133} (\nu_1 g(z_i) + \nu_2 h(z_i))$$

となり、両辺の対数をとって定数を無視すれば

$$\log L = \sum_{i=1}^{133} \log(\nu_1 g(z_i) + \nu_2 h(z_i)) - \nu_1 - \nu_2$$

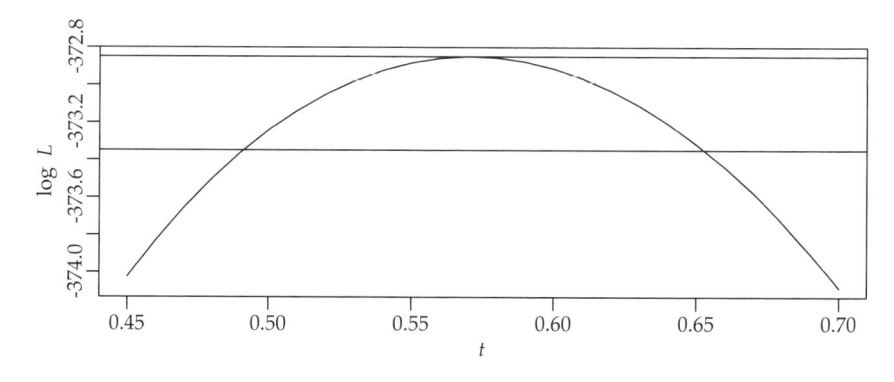

図10.6 対数尤度の最大値と、最大値から0.5下がったところ

これを ν_1, ν_2 について最大化する（ただし以下では $-\log L$ を最小化している）。

```
f = function(arg) {
  n1 = arg[1];   n2 = arg[2]
  return(n1 + n2 - sum(log(n1 * g(z) + n2 * h(z))))
}
optim(c(50,50), f)
```

結果は，$(\nu_1, \nu_2) = (75.9, 57.1)$ で最大値 144.5676 になり，数値計算の誤差内で同じ結果が得られる。

誤差については (ν_1, ν_2) 平面で図 10.7 のような等高線を描いて，最大値から 0.5 下がったところを見ればよいが，より簡便には，ν の誤差 $\pm\sqrt{\nu}$ と，t の誤差 ± 0.08 を独立と見て，正規分布側の誤差は $\sqrt{\nu(1-t)}$ と 0.08ν を三平方の定理で合成して，± 11.74 を得る。度数分布を使った方法による誤差 $12.131 \times 57.08/57.139 \approx 12.12$ とほぼ近い値が得られる。等高線を見ても，／の方向の $\nu = \nu_1 + \nu_2$ と，＼の方向の t とが，ほぼ独立なことがわかる。

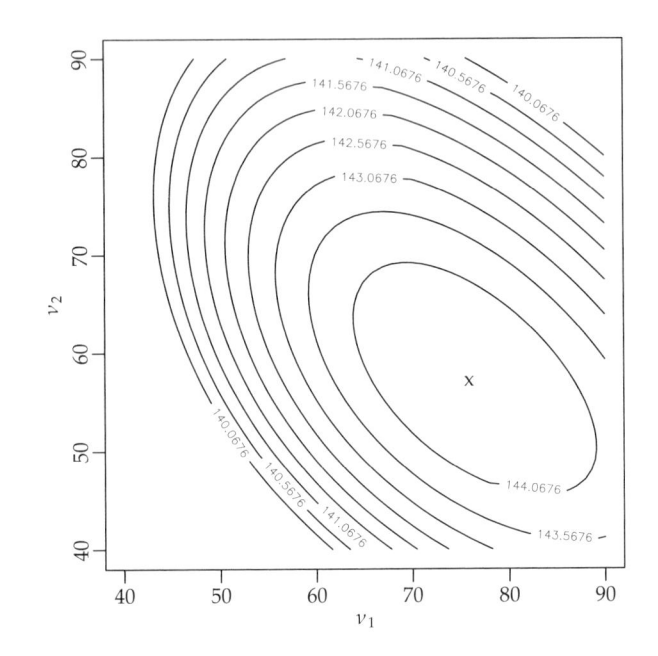

図 10.7 対数尤度の等高線

```
m = outer(40:90, 40:90, Vectorize(function(x,y) f(c(x,y))))
contour(40:90, 40:90, -m, levels=seq(144.5676,by=-0.5,length.out=10),
        asp=1, xlab=expression(italic(ν)[1]), ylab=expression(italic(ν)[2]))
points(75.9, 57.1, pch="x")
```

別のやりかたとして，ヘッセ行列（Hessian）を推定して，その逆行列で分散・共分散行列を求めることもできる：

```
solve(optim(c(50,50), f, hessian=TRUE)$hessian)
```

この対角成分の平方根が各パラメータの標準誤差である。この方法による正規分布側の個数の標準誤差は 11.85 である。

Chapter 11

主成分分析と因子分析

11.1 多変量データ

例えば全国学力・学習状況調査の結果を調べてみよう。データは文部科学省所轄の国立教育政策研究所（国研，NIER）のサイトから得られる[1]。2015年のものをRで読みやすいようにしたCSVファイルを本書サポートページにatest2015.csvというファイル名で置いておくので，作業ディレクトリにダウンロードして，読み込んでみよう。

```
> atest = read.csv("atest2015.csv", fileEncoding="UTF-8")
> names(atest)
 [1] "都道府県"   "小学国語A" "小学国語B" "小学算数A" "小学算数B" "小学理科"
 [7] "中学国語A" "中学国語B" "中学数学A" "中学数学B" "中学理科"
> head(atest)
  都道府県 小学国語A 小学国語B 小学算数A 小学算数B 小学理科 中学国語A 中学国語B
1   北海道      68.1      63.0      72.3      42.5     59.3      75.8      65.7
2   青森県      75.1      69.8      78.5      47.4     66.3      76.0      64.8
………後略………
```

📎 atest2015.csv の文字コードは UTF-8 である（第 1.6 節参照）。

とりあえず中学校の値（7〜11列目）だけ抜き出す。1列目の都道府県は，行名に設定しておく。

```
> chu = atest[ ,7:11]
> row.names(chu) = atest[ ,1]
> head(chu)
       中学国語A 中学国語B 中学数学A 中学数学B 中学理科
北海道      75.8      65.7      63.0      39.7     53.3
青森県      76.0      64.8      64.4      39.8     53.8
………後略………
```

ここで plot(chu) と打ち込めば，図 11.1 の散布図が得られる。

---

[1] http://www.nier.go.jp/15chousakekkahoukoku/ （サイトのURLは変わりうるので注意）

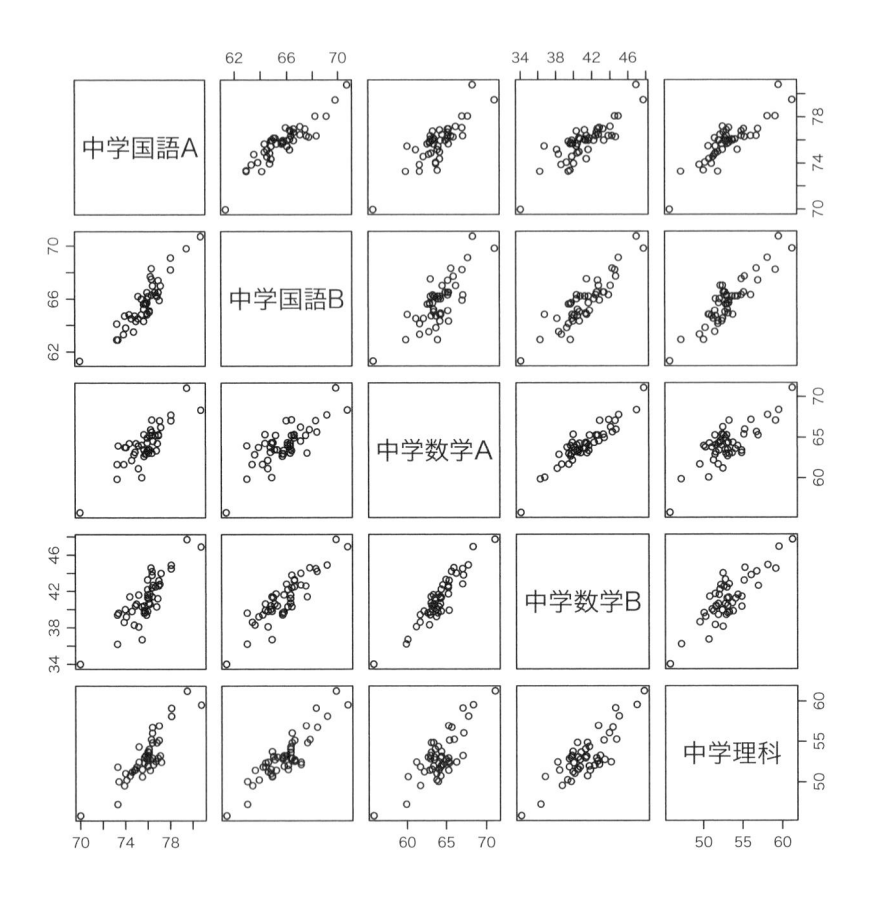

図 11.1 2015 年の全国学力・学習状況調査の中学校の都道府県ごとの成績の散布図

科目間の相関はかなり強いことがわかる。これは，相関係数を求めてもわかる：

```
> cor(chu)
           中学国語A  中学国語B  中学数学A  中学数学B  中学理科
中学国語A  1.0000000 0.9062628 0.8307854 0.8446749 0.8674915
中学国語B  0.9062628 1.0000000 0.7831577 0.8951718 0.9013279
中学数学A  0.8307854 0.7831577 1.0000000 0.9325483 0.8012841
中学数学B  0.8446749 0.8951718 0.9325483 1.0000000 0.8394486
中学理科   0.8674915 0.9013279 0.8012841 0.8394486 1.0000000
```

ただ，これだけでは科目間の関係がわかりにくいし，都道府県の特徴も見にくい。そこで，主成分分析の出番である。

11.2 主成分分析

各科目の全国平均そのものに興味はなく，各都道府県の各科目の点数が全国平均に比べてどれくらい高いか低いかに興味があるので，以下では各都道府県の点数からその科目の全国平均を引いた値を「点数」と呼ぶことにする（さらに標準偏差で割るほうがよいこともある）。さて，この値を，次のようなモデルで表したい。

北海道の国語 A の「点数」＝ 北海道の第 1 主成分 × 国語 A の第 1 主成分 ＋ 残り
青森県の国語 A の「点数」＝ 青森県の第 1 主成分 × 国語 A の第 1 主成分 ＋ 残り
$$\vdots$$
沖縄県の理科の「点数」＝ 沖縄県の第 1 主成分 × 理科の第 1 主成分 ＋ 残り

つまり，$47 \times 5 = 235$ 個の点数を，47 都道府県の第 1 主成分と，5 科目の第 1 主成分の積で表し，「残り」（残差）の部分はできるだけ小さくしたい（残差の 2 乗の和を最小にしたい）。これだけでは解は不定なので，ここではさらに，5 科目の第 1 主成分の 2 乗の和を 1 にする：

国語 A の第 1 主成分^2 ＋ 国語 B の第 1 主成分^2 ＋ $\cdots$ ＋ 理科の第 1 主成分^2 ＝ 1

この $47 \times 5 = 235$ 個の「残り」について，さらに同じことを繰り返す：

北海道の国語 A の「残り」＝ 北海道の第 2 主成分 × 国語 A の第 2 主成分 ＋ さらなる残り
青森県の国語 A の「残り」＝ 青森県の第 2 主成分 × 国語 A の第 2 主成分 ＋ さらなる残り
$$\vdots$$

ここでも「さらなる残り」の 2 乗の和を最小にする。また，5 科目の第 2 主成分の 2 乗の和を 1 にする。

このようにして第 3 主成分以下も求めることができるが，ここでは 2 次元の地図上で各都道府県・各科目を表したいので，第 3 主成分以下は切り捨てる。もし切り捨てなければ，第 5 主成分まで出すことができるが，その時点で残差はすべてゼロになる。つまり，

都道府県 i の科目 j の「点数」＝ $\displaystyle\sum_{k=1}^{5}$ 都道府県 i の第 k 主成分 × 科目 j の第 k 主成分

これが**主成分分析**（principal component analysis，PCA）である。

> ✎ これは数学でいう**特異値分解**（singular value decomposition, SVD），物理でいう**主軸変換**と同じことで，要するに固有値・固有ベクトルを求める話である。

実際にやってみよう．

```
> r = prcomp(chu)
```

これで r$x[i,k] に県 i の第 k 主成分，r$rotation[j,k] に科目 j の第 k 主成分，r$center[j] に科目 j の平均値が入る．

> ✎ ベクトル r$x[i,] とベクトル r$rotation[j,] の内積が元データの [i,j] 要素（から平均 r$center[j] を引いたもの）を表すことになる．確認してみよう（%*% はベクトル同士の内積である）：
>
> ```
> > chu[24,3]    # 三重県の中学数学A
> [1] 64.3
> > r$x[24,] %*% r$rotation[3,] + r$center[3]
>         [,1]
> [1,] 64.3
> ```

第 1 主成分・第 2 主成分をそれぞれ横軸・縦軸にとって，各都道府県，各科目を同時にプロットした図を**バイプロット**（biplot）という（図 11.2）．

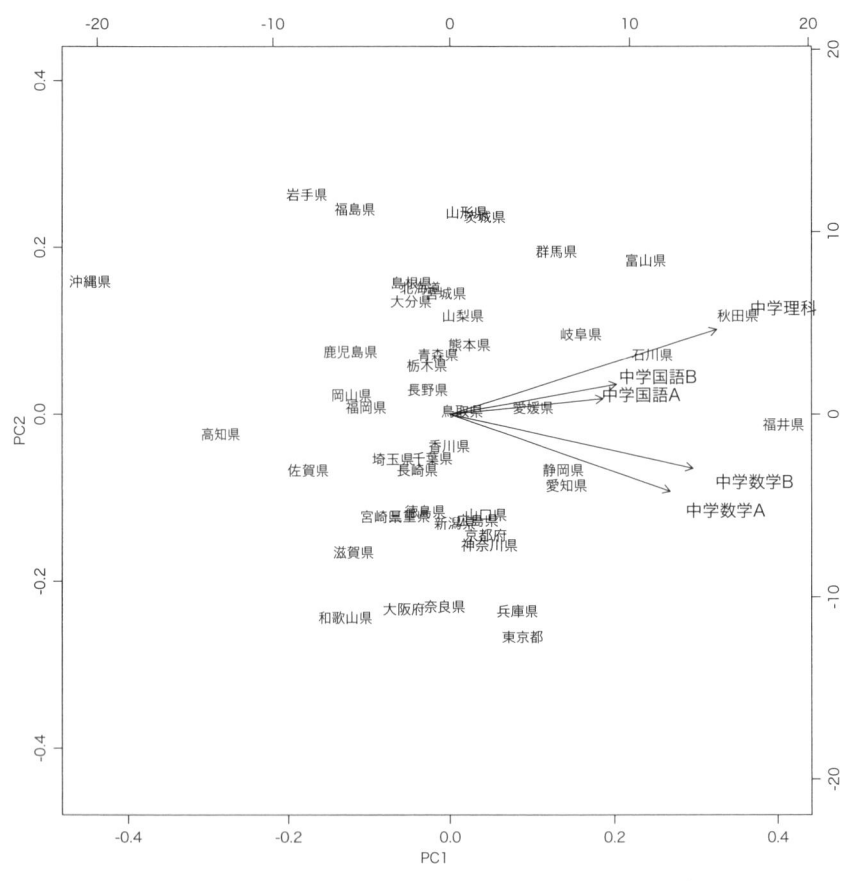

図 11.2 2015 年の全国学力・学習状況調査の中学校の都道府県ごとの成績のバイプロット

R でバイプロットを描くのは簡単である：

```
> par(xpd=TRUE)   # 枠からはみ出した文字が欠けないようにするオマジナイ
> biplot(prcomp(chu))
```

第1主成分，第2主成分が図ではPC1，PC2と書かれているが，PCは主成分（principal component）のことである。

この図から次のことがわかる：

- 福井県や秋田県が優秀だが，どちらかといえば福井県は数学方面，秋田県は国語・理科方面に優れる。
- 沖縄県は残念な結果だった。

上の例では，各科目の標準偏差をわざと揃えなかったので，標準偏差の小さい国語はやや軽視されたかもしれない。標準偏差を揃えるには，次のようにする：

```
> biplot(prcomp(chu, scale=TRUE))
```

✎ R標準の主成分分析の関数はprcomp()とprincomp()の二つがある。prcomp()のほうが新しい。

11.3 例：中野・西島・ゲルマンの法則

私の古い本 [57] で挙げた話で，主成分分析を使ってデータから一つあるいは複数の関係式を導く例である。

1950年代に知られていた素粒子（ハドロン）は次の通りで，それぞれ電荷 Q，アイソスピン第3成分 I_3，ハイパーチャージ Y という属性を持つ：

	p	n	Λ	Σ^+	Σ^0	Σ^-	Ξ^0	Ξ^-	Ω^-
Q	1	0	0	1	0	−1	0	−1	−1
I_3	$\frac{1}{2}$	$-\frac{1}{2}$	0	1	0	−1	$\frac{1}{2}$	$-\frac{1}{2}$	0
Y	1	1	0	0	0	0	−1	−1	−2

これを主成分分析してみよう。

```
> Q = c(1, 0, 0, 1, 0, -1, 0, -1, -1)
> I3 = c(0.5, -0.5, 0, 1, 0, -1, 0.5, -0.5, 0)
> Y = c(1, 1, 0, 0, 0, 0, -1, -1, -2)
> prcomp(data.frame(Q, I3, Y))
Standard deviations:
[1] 1.154360e+00 7.733106e-01 1.401779e-16

Rotation:
          PC1        PC2        PC3
Q  -0.6161760 -0.4193838  0.6666667
I3 -0.2413105 -0.7052126 -0.6666667
Y  -0.7497309  0.5716576 -0.3333333
```

第 3 主成分 PC3 $= 0.667Q - 0.667I_3 - 0.333Y$ の標準偏差（standard deviation）が 1.4×10^{-16} つまり実質的に 0 であることから，

$$Q = I_3 + \frac{1}{2}Y$$

という**中野・西島・ゲルマンの法則**が得られる。

> ✎ この法則などから，素粒子（ハドロン）がクォークからできていることが推測された。現在は，より多くの素粒子が観測され，属性の数（したがってクォークの種類）も増え，中野・西島・ゲルマンの法則も拡張されている。

11.4 因子分析

さきほどの主成分分析では，5 科目の関係よりは，47 都道府県の関係に関心があった。5 科目の関係を見たいのであれば，**因子分析**（factor analysis）のほうがよい。これは最初から因子の数を例えば 2 個と決め，各科目を（2 因子なら）2 次元のベクトルに対応させて，ベクトル j とベクトル k の内積が科目 j と科目 k の相関係数にできるだけ等しくなるようにする（$j \neq k$）。$j = k$ の場合は，相関係数は 1 に決まっているので，内積で近似させることはしない。したがって，例えば 4 科目を 2 因子で表すなら，説明すべき相関係数は $_4C_2 = 6$ 個しかないのに対し，2 次元のベクトル 4 個の自由度は $2 \times 4 = 8$ 個もあるので，一般に，因子分析の解は一つに定まらない。5 科目なら，$_5C_2 = 10 = 2 \times 5$ なので，解が存在しうる（必ず存在するとは限らない）。6 科目以上なら，2 因子では近似的な解しか存在しない。

さきほどの中学校の点数 chu を 2 因子で表すには，関数 `factanal()` で次のようにする（図 11.3）：

```
> f = factanal(chu, factors=2)
> plot(NULL, xlim=c(0,1), ylim=c(0,1), xlab="因子1", ylab="因子2")
> text(f$loadings, names(chu))
> points(0, 0, pch=4)      # 原点(0,0)に×印を付けておく
```

因子分析では，各科目を表すベクトルどうしの内積だけに意味があるので，原点を中心に回転しても変わらない。この自由度を使って，通常はできるだけ解釈のしやすい座標になるようにする。具体的には，座標軸のそばにベクトルが多く集まるように自動回転する（バリマックス回転）。

これから次のことがわかる：

- 数学と国語は分かれるが，数学 B のほうが国語に近い。
- 理科はむしろ国語に似ている。

なお，因子分析でもバイプロットを描くことがある：

11.4 因子分析

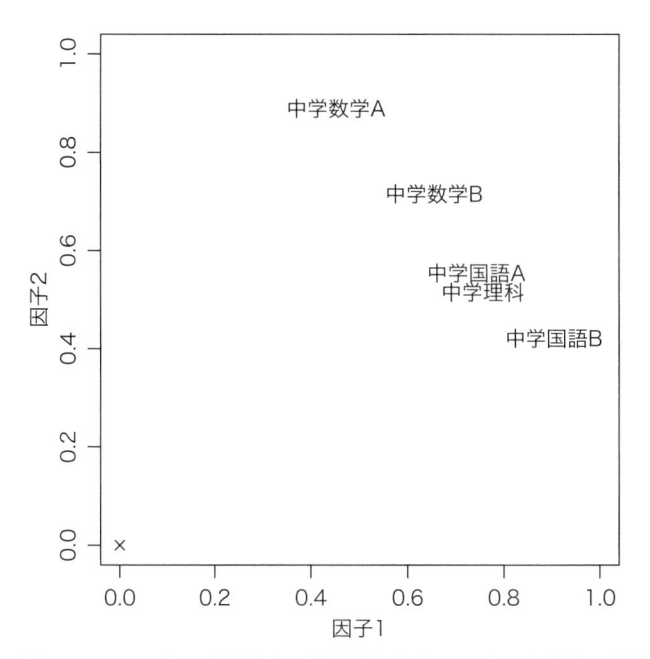

図11.3　2015年の全国学力・学習状況調査における中学校の都道府県ごとの成績の因子分析

```
> f = factanal(chu, factors=2, scores="regression")
> biplot(f$scores, f$loadings)
```

✎ 因子分析は，ベクトルの内積で相関係数を表すのであって，点と点の距離で変数の類似度を表すのではない．例えば，4変数の相関係数が

$$r_{12} = r_{23} = r_{34} = \frac{\sqrt{3}}{4}, \quad r_{13} = r_{24} = \frac{1}{4}, \quad r_{14} = 0$$

であったとき，2因子の因子分析の解は

$$r_{jk} = x_j x_k + y_j y_k \quad (j, k = 1, 2, 3, 4)$$

を満たすベクトル (x_1, x_2, x_3, x_4), (y_1, y_2, y_3, y_4) である．これは例えば

$$x_1 = y_4 = \frac{1}{\sqrt{2}}, \quad x_2 = y_3 = \frac{\sqrt{6}}{4}, \quad x_3 = y_2 = \frac{\sqrt{2}}{4}, \quad x_4 = y_1 = 0$$

が解であるが，

$(x_1, y_1) = (1, 0), \quad (x_2, y_2) = (\frac{\sqrt{3}}{4}, \frac{\sqrt{3}}{4}), \quad (x_3, y_3) = (\frac{1}{4}, \frac{3}{4}), \quad (x_4, y_4) = (0, \frac{1}{\sqrt{3}})$

も解である．これらを図示してみれば，かなり違う印象になる．

✎ 上のように相関係数を与えて因子分析をすることもできる：

```
> x = matrix(c(1,sqrt(3)/4,1/4,0, sqrt(3)/4,1,sqrt(3)/4,1/4,
               1/4,sqrt(3)/4,1,sqrt(3)/4, 0,1/4,sqrt(3)/4,1), nrow=4)
> factanal(covmat=x, factors=2)
 factanal(covmat = x, factors = 2) でエラー: 
   2 factors are too many for 4 variables
```

このように解が一通りでない場合はエラーになる．

Chapter 12

リッカート型データとノンパラメトリック検定

12.1 リッカート型データ

アンケートや世論調査では，「非常に反対」「やや反対」「どちらでもない」「やや賛成」「非常に賛成」のような段階で答えてもらう質問がある。これらに1〜5の整数をあてはめたものを，ここではリッカート型のデータと呼ぶことにする。段階は5段階に限らない。

心理検査などでは一般に複数のリッカート項目を足し合わせて一つのリッカート尺度（Likert scale）を構成するが，ここではそこまで考えない。

例えば次のようなものがリッカート型のデータである。20人ずつに分かれた生徒が，それぞれ従来型教育とICT利用教育を受けて，感想を5段階（1〜5）で答えた度数（人数）を表す架空データである。

段階	最悪(1)	悪い(2)	普通(3)	良い(4)	最高(5)	平均
従来型教育	4	5	6	3	2	2.7
ICT利用教育	1	4	3	6	6	3.6
合計	5	9	9	9	8	

これら2群に違いが（どの程度）あるかを調べるには，どうすればよいであろうか。

何はともあれ図示してみよう。複数の群の構成比の比較には，図12.1のような帯グラフがよいであろう。

✎ 図12.1上の帯グラフは次のようにして描くことができる：

```
data = matrix(c(4,5,6,3,2, 1,4,3,6,6), byrow=TRUE, nrow=2)
rownames(data) = c("従来型", "ICT利用")
colnames(data) = c("最悪", "悪い", "普通", "良い", "最高")
ratio = data / rowSums(data) * 100
barplot(t(ratio[2:1,]), horiz=TRUE, las=1, xlab="%")
t = ratio[1,]
mtext(colnames(data), at=cumsum(t)-t/2)
```

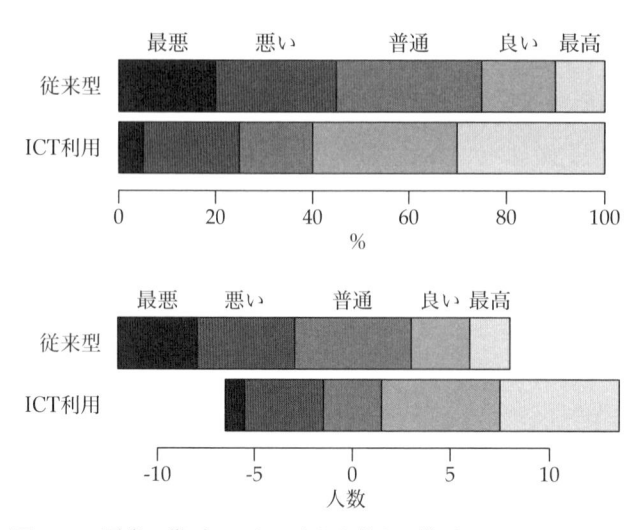

図 12.1　通常の帯グラフと，中心を揃えた帯グラフ

> 図 12.1 下のように中央を揃えるには，次のようにオフセットを与える：

```
offset = -(data[,1]+data[,2]+data[,3]/2)
barplot(t(data[2:1,]), horiz=TRUE, las=1, xlab="人数", offset=offset[2:1])
t = data[1,]
mtext(colnames(data), at=cumsum(t)-t/2+offset[1])
```

> バランスよく描くには，パラメータ mar, mgp を調整する必要がある。さらには，barplot() では axes=FALSE で軸を描かず，軸だけ axis() 関数で（line オプションで位置を調節して）描くといったテクニックが使える。このような中央揃えのグラフを描くパッケージ **HH** もある。

このような 2 群の差を検定する一番単純な方法は，項目値 1〜5 をそのまま使って t 検定することである：

```
> x = rep(1:5, c(4,5,6,3,2))
> y = rep(1:5, c(1,4,3,6,6))
> t.test(x, y)
```

これで x と y の平均がそれぞれ 2.7, 3.6 で，差の 95% 信頼区間は $[-1.7, -0.1]$，$p = 0.031$ であることがわかる。

ただ，このような順序尺度（$1 < 2 < 3 < \cdots$ という順序関係しかない）のデータを あたかも間隔尺度（「1 と 2 の隔たりは 2 と 3 の隔たりに等しい」等々）のように扱い，t 検定などをすることについては，「間違いである」と断じる人がかなり存在する。

例えば，ACM（Association for Computing Machinery）の CHI（Human-Computer Interaction）2010 で Kaptein ほか [64] は前年の CHI の論文を調べ，そのうち 45% がリッカート型データを扱っていながら，8% しか正しい統計的方法（ノンパラメトリック法）を使っていなかったと報告する。この問題提起を ACM の会誌 *Communications of the ACM* の 2012 年 5 月号で Robertson [65] が取り上げ，さらに Kaptein と Robertson [66] は CHI で使われる統計方法全

般に話を広げ，大部分の論文は正しい統計的方法を使っていないと断じた。

彼らがいう正しい方法は**ノンパラメトリック**（nonparametric）と形容される一群の方法であり，その典型的なものがウィルコクソン検定である。

12.2 ウィルコクソン検定（順位和検定）

2組の数

$$x_1, x_2, \ldots, x_n, \qquad y_1, y_2, \ldots, y_m$$

があったとき，$x_i > y_j$ を満たす (i, j) の組の数（に $x_i = y_j$ を満たす組の数の半分を足したもの）を U とすると，もしこれらの $n+m$ 個の数の並び順がランダムで，タイ（tie, 同順位の値）がなければ，U の確率分布は漸化式

$$p_{n,m}(U) = \frac{n}{n+m} p_{n-1,m}(U-m) + \frac{m}{n+m} p_{n,m-1}(U)$$

から計算できる。さらに，n, m が大きければ，U の分布はほぼ正規分布 $\mathcal{N}(nm/2, nm(n+m+1)/12)$ になる。このことを使った検定が**ウィルコクソン検定**（Wilcoxon test）である。

> ✎ この検定は，まず American Cyanamid という会社の Wilcoxon が1945年に，1標本の場合（Wilcoxon の符号付き順位検定）と 2 標本の場合（この方法）の考え方を提案し [67]，1947年に Mann と Whitney が U という統計量を導入して統計学的に論じた [68]。呼び方としては，Wilcoxon の順位和検定（Wilcoxon rank-sum test），Mann-Whitney の U 検定（Mann-Whitney U test），Wilcoxon-Mann-Whitney 検定（WMW test），Mann-Whitney-Wilcoxon 検定（MWW test）などがある。

上で定義した U の値は，$n+m$ 個の中での $x_1, x_2, \ldots, x_n$ の順位の和から $n(n+1)/2$ を引いた値に等しいので，U を使った検定は，順位和を使った検定ということもできる（U の定義は統計ソフトによって若干異なる）。

例として，さきほどのデータを検定してみよう。

```
> x = rep(1:5, c(4,5,6,3,2))
> y = rep(1:5, c(1,4,3,6,6))
> wilcox.test(x, y)

        Wilcoxon rank sum test with continuity correction

data:  x and y
W = 123, p-value = 0.03435
alternative hypothesis: true location shift is not equal to 0

 警告メッセージ: 
wilcox.test.default(x, y) で: 
  タイがあるため、正確な p 値を計算することができません
```

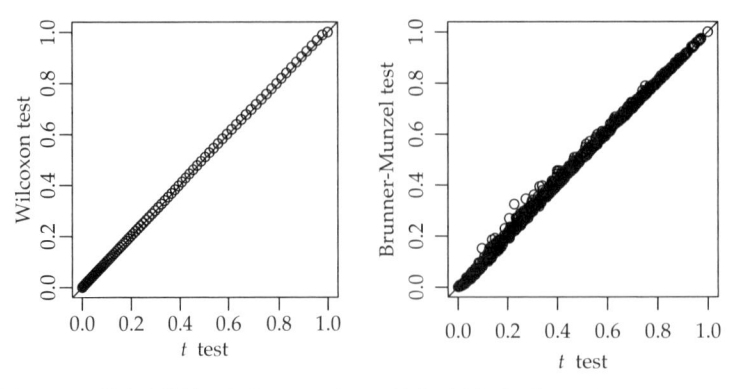

図 12.2　t 検定と比較したウィルコクソン検定（左）とブルンナー・ムンツェル検定（右）

$p = 0.034$ と，さきほどの t 検定より若干大きくなった．

ここで W と出ているのは $x_i > y_j$ となる (i,j) の数に $x_i = y_j$ となる (i,j) の数の半分を加えたものである（さきほどの U の定義と逆になっている）．

さきほどウィルコクソン検定は漸化式により正確な p 値が求められると書いたが，この場合はタイ（等しい値）があるので，漸化式は使えず，正規分布による近似で計算される．タイがなくても，両群の個数の和が 50 以上になると，正規分布近似に切り替わるので，50 個以上の場合に正確な値を求めたいなら

```
> wilcox.test(x, y, exact=TRUE)
```

とすればいいが，タイが一つでもあれば，このオプションを付けても無駄である．正確な値を求めたければ，**exactRankTests** というパッケージを使う．

```
> library(exactRankTests)
  Package 'exactRankTests' is no longer under development.
  Please consider using package 'coin' instead.
> wilcox.exact(x, y)

        Exact Wilcoxon rank sum test

data:  x and y
W = 123, p-value = 0.03611
alternative hypothesis: true mu is not equal to 0
```

$p = 0.036$ となった．

> ✎ メッセージにも出てくるように，**exactRankTests** パッケージは開発が継続されていないようである．代わりに **coin** パッケージを使えということで，やってみよう．使い方がちょっと違う．
>
> ```
> library(coin)
> wilcox_test(c(x,y) ~ factor(c(rep("x",length(x)),rep("y",length(y)))),
>             distribution="exact")
> ```
>
> 結果は `wilcox.exact()` と同じになる．

ウィルコクソン検定（タイのない場合）と，分散が等しいと仮定する t 検定を順位について適用した場合とでは，ほぼ同じことを調べているので，両者の p 値はほぼ一致する（図12.2左）。

    ✎ この図はだいたい次のRのプログラムで描いた：

```
f = function() {
  a = sample(40)
  x = a[1:20]
  y = a[21:40]
  c(t.test(x, y, var.equal=TRUE)$p.value, wilcox.test(x, y)$p.value)
}
r = replicate(1000, f())
plot(r[1,], r[2,], asp=1)
abline(0, 1)
```

この意味では，わざわざウィルコクソン検定をしなくても，順位に直して，分散が等しいと仮定する t 検定をすればよいともいえる。ただ，t 検定もそうであったが，分散が等しいとする仮定，あるいはウィルコクソン検定の場合の両群の分布が同じという仮定は，けっこう強いものである。この仮定が妥当でない場合は，ウィルコクソン検定よりも，順位に直して，等分散を仮定しない t 検定（ウェルチの検定）をするという手が考えられる。より最近の方法としては，ブルンナー・ムンツェル検定がある。

12.3　ブルンナー・ムンツェル検定

二つの確率変数 X_1, X_2 が同じ分布に従うという帰無仮説を検定するには，ウィルコクソン検定がよく使われる。しかし，分布が異なる（例えば分散が異なる）場合には，これでは正確に検定できない。

そこで，分布が同じことは仮定せず，両群から一つずつ値を取り出したとき，どちらが大きい確率も等しいという帰無仮説を検定したい。つまり，

$$p = P(X_1 < X_2) + \frac{1}{2}P(X_1 = X_2)$$

としたとき，$p = 1/2$ が帰無仮説になる。

この考え方から生まれたのが，ブルンナー（Brunner）とムンツェル（Munzel）による**ブルンナー・ムンツェル検定**（Brunner-Munzel test）である [69]。

各群 $i\,(=1,2)$ から大きさ n_i の標本を取り出したとする：

$$X_{i1}, X_{i2}, \ldots, X_{in_i}$$

全部を並べた $N = n_1 + n_2$ 個のデータ

$$X_{11}, X_{12}, \ldots, X_{1n_1}, \quad X_{21}, X_{22}, \ldots, X_{2n_2}$$

の，全体を通しての順位を

$$R_{11}, R_{12}, \ldots, R_{1n_1}, \quad R_{21}, R_{22}, \ldots, R_{2n_2}$$

とする（同順位がある場合は順位の平均を用いる。以下同様）。この各群内での平均を

$$\bar{R}_{i\cdot} = \frac{1}{n_i}(R_{i1} + R_{i2} + \cdots + R_{in_i})$$

とすると，

$$\hat{p} = \frac{\bar{R}_{2\cdot} - \bar{R}_{1\cdot}}{N} + \frac{1}{2}$$

が，最初に挙げた p の不偏推定量になる。

一方，それぞれの群内での順位を

$$R_{i1}^{(i)}, R_{i2}^{(i)}, \ldots, R_{in_i}^{(i)}$$

とすると，その平均は

$$\frac{1}{n_i}(R_{i1}^{(i)} + R_{i2}^{(i)} + \cdots + R_{in_i}^{(i)}) = \frac{n_i+1}{2}$$

である。ここで

$$S_i^2 = \frac{1}{n_i - 1} \sum_{k=1}^{n_i} \left(R_{ik} - R_{ik}^{(i)} - \bar{R}_{i\cdot} + \frac{n_i+1}{2} \right)^2$$

$$\hat{\sigma}_i^2 = \frac{S_i^2}{(N-n_i)^2}, \qquad \hat{\sigma}_N^2 = N\left(\frac{\hat{\sigma}_1^2}{n_1} + \frac{\hat{\sigma}_2^2}{n_2}\right)$$

とすると，

$$W_N^{BF} = \frac{1}{\sqrt{N}} \cdot \frac{\bar{R}_{2\cdot} - \bar{R}_{1\cdot}}{\hat{\sigma}_N} = \frac{n_1 n_2 (\bar{R}_{2\cdot} - \bar{R}_{1\cdot})}{(n_1+n_2)\sqrt{n_1 S_1^2 + n_2 S_2^2}}$$

は，漸近的に（n_1 や n_2 が大きくなると），標準正規分布 $\mathcal{N}(0,1)$ に近づく。小標本の場合には，より良い近似として，W_N^{BF} を自由度

$$\hat{f} = \frac{(\hat{\sigma}_1^2/n_1 + \hat{\sigma}_2^2/n_2)^2}{\dfrac{(\hat{\sigma}_1^2/n_1)^2}{n_1-1} + \dfrac{(\hat{\sigma}_2^2/n_2)^2}{n_2-1}} = \frac{(n_1 S_1^2 + n_2 S_2^2)^2}{\dfrac{(n_1 S_1^2)^2}{n_1-1} + \dfrac{(n_2 S_2^2)^2}{n_2-1}}$$

の t 分布で検定することを Brunner と Munzel は提案している。

R には **lawstat** パッケージに `brunner.munzel.test()` がある。さきほどのデータで試してみよう。

```
> library(lawstat)
> brunner.munzel.test(x, y)
```

結果は次のようになった：

```
              Brunner-Munzel Test

    data:  x and y
    Brunner-Munzel Test Statistic = 2.3138, df = 37.759, p-value = 0.02622
    95 percent confidence interval:
     0.5240416 0.8609584
    sample estimates:
    P(X<Y)+.5*P(X=Y)
              0.6925
```

つまり，$p = 0.026$ ほどである．

ブルンナー・ムンツェル検定と，ウェルチの検定を順位について適用した場合とでは，図12.2右のように，だいたい似た p 値になる．

12.4 並べ替え検定

並べ替え検定は非常に一般的な方法である．まず，両群の違いを測る「ものさし」を何にするかを選ぶ．ここでは両側検定の簡単な例として，両群の平均値の差の絶対値を考える：

```
> d = abs(mean(x) - mean(y))
```

現状の値は d = 0.9 である．

次に，両群を合わせたものの一部とそれ以外との違いを測る関数を作る：

```
> xy = c(x, y)
> f = function(t) { abs(mean(xy[t]) - mean(xy[-t])) }
```

当然ながら f(1:20) は 0.9 で，さきほどの d と等しい．R では xy[-t] は xy の t 以外の部分という意味になる．t = 1:20 なら xy[-t] は xy[21:40] と同じである．

この t を 1〜40 の整数から異なる 20 個をランダムにとったものにして，多数回（例えば1万回）繰り返し，結果の並びを z と置く：

```
> z = replicate(10000, f(sample(40,20)))
```

最後にこの違いの並び z が実際の違い d 以上になる割合を求める：

```
> mean(z >= d)
```

100万回の replicate() で，$p = 0.042$ ほどの値を得た．t 検定と同じものさしを使っているのに p 値が大きすぎるような気がするが，

```
> mean(z > d)
```

としてみればわかるように（こちらでは $p = 0.022$ ほど），今回のような場合は，zのとりうる値が少なく，zとdが等しいことが多いので，t 検定と比べるなら

```
> mean(z > d) + 0.5 * mean(z == d)
```

のようにするほうがよいであろう（これなら $p = 0.032$ ほどになる）。

✎ z = replicate(...) の代わりに

```
z = combn(40, 20, f)
```

とすれば，$_{40}C_{20} = 137846528820$ 通りのすべての場合を尽くしてくれる（ただしこの場合は多すぎるのでエラーになる）。

12.5　並べ替えブルンナー・ムンツェル検定

上では並べ替え検定の「ものさし」を平均の差の絶対値としたが，ブルンナー・ムンツェルの統計量 W_N^{BF} の絶対値を「ものさし」とすることを考えよう。この方法を**並べ替えブルンナー・ムンツェル検定**（permuted Brunner-Munzel test）という [70]。

さきほどと同じ要領で，

```
> d = abs(brunner.munzel.test(x, y)$statistic)
> xy = c(x, y)
> f = function(t) { abs(brunner.munzel.test(xy[t], xy[-t])$statistic) }
> z = replicate(10000, f(sample(40,20)))
> mean(z >= d)
```

とすればよい（「10000」は時間が許す限り大きな値にする）。結果は $p = 0.032$ 程度である（10000000 で 1 時間程度）。この場合にも，平均の差の場合ほどではないが，zは飛び飛びの値をとるので，

```
> mean(z > d) + 0.5 * mean(z == d)
```

とするほうがよいかもしれない。

12.6　ブートストラップ

並べ替え検定では p 値しかわからない。統計量の標準偏差や信頼区間を求めたいときはどうするか。

例えば x という 20 個の値の並びの平均値の信頼区間を求めたいが，母集団は不明で，サンプル x しかない。その場合，x から 20 個を復元抽出（重複を許した抽出）し，それらを新たなサンプルとして，統計量の標準偏差や分布を求めることができる。この方法を**ブートストラップ**（bootstrap）という。

具体的に，x から 20 個を復元抽出するには

```
> sample(x, 20, replace=TRUE)
```

とする。その平均は

```
> mean(sample(x, 20, replace=TRUE))
```

である。これは毎回変わる値であるので，例えば 10 万回やってみた値を一つの変数 b に入れてみる：

```
> b = replicate(100000, mean(sample(x, 20, replace=TRUE)))
```

この標準偏差は

```
> sd(b)
```

で求められる。また，95％信頼区間は

```
> quantile(b, c(0.025,0.975))
```

で推定できる。

✎ 2 標本の差の場合も同様である。

```
        b = replicate(100000,
                mean(sample(x,20,replace=TRUE))-mean(sample(y,20,replace=TRUE)))
```

ブートストラップは非常に強力であるが，どの程度正確かについては難しい問題もある。考案者 Efron と弟子の Tibshirani が書いた入門書 [71] がわかりやすい。

12.7　ほかの方法

もう一度最初のデータと，t 検定の結果（$p = 0.031$）を見てみよう。

```
> x = rep(1:5, c(4,5,6,3,2))
> y = rep(1:5, c(1,4,3,6,6))
> t.test(x, y)
```

ここではリッカート項目の値 1〜5 をそのまま使っている。これを順位に直して t 検定したらどうなるか。

```
> nx = length(x)
> ny = length(y)
> r = rank(c(x, y))
> rx = r[1:nx]
> ry = r[(nx+1):(nx+ny)]
> t.test(rx, ry)
```

結果はほとんど変わらず，$p = 0.031$ ほどである。

　ここで順位を求めるために使った関数 rank() は，タイ（同順位）があれば順位の平均を求める。いわゆる midrank というものである。例えば「1」と答えた者が全体で5人おり，縮退を解けば（ごくわずかに値が違うと考えれば）順位は1〜5位となるので，その平均の3が midrank となる。こうすることによって，どちら側（小さい方・大きい方）から順位をつけても，向きが逆になるだけで，間隔は同じになる。

　順序カテゴリカルデータの定番である Agresti の本 [72] には，ほかにもいろいろな方法が紹介されている。

　まず，midrank から 0.5 を引き，全体の人数で割って割合に直す。これは ridit と呼ばれる。0.5 を引くことによって，どちら側（小さい方・大きい方）から順位をつけても，向きが逆になるだけで，区間 [0,1] での相対的な位置は同じになる。これを使って t 検定する：

```
> t.test((rx-0.5)/(nx+ny), (ry-0.5)/(nx+ny))
```

線形変換しただけなので当然ながら p 値は変わらないが，各群の平均 ridit はそれぞれ 0.40375, 0.59625 で，0〜1 の範囲におさまり，理解しやすい。

　この ridit から qnorm() で正規分布の分位点を求める。

```
> t.test(qnorm((rx-0.5)/(nx+ny)), qnorm((ry-0.5)/(nx+ny)))
```

結果はほとんど変わらない（$p = 0.031$）。

　これまでのところ，結局何をやっても報告するのは四捨五入して「$p = 0.03$」で，変わらない。しかし，統計的方法について，査読者たちにあれこれ言われ，悩んだ末，せっかく5段階で調べているのに論文には「上位群」「下位群」の2分類にしてしまうこともあろう。これでフィッシャーの正確検定でもしておけば，文句は出るまい。

　実際には「上位群」「下位群」に分けるほうが問題がある。まず5段階のうちどこで上位・下位に切るのかで恣意性がある。例えば1〜3を下位，4〜5を上位にすれば，$\begin{bmatrix} 15 & 5 \\ 8 & 12 \end{bmatrix}$ という分割表になり，

```
> fisher.test(matrix(c(15,8,5,12), nrow=2))
```

で $p = 0.054$ になる。つまり，スコアをまとめたことにより，情報量が減り，検出力（power）が低下してしまった（つまり有意になりにくくなった）。同様に，1〜2を下位，3〜5を上位にすれば，$\begin{bmatrix} 9 & 11 \\ 5 & 15 \end{bmatrix}$ となり，$p = 0.32$ となる。

一般に，元データが数値であれば，順位に直すことによって，頑健（robust）になる（外れ値に強くなる）代わりに，少し情報量が減る。この情報量の減り方が思ったほど著しくないというので，一時期，ノンパラメトリック検定がもてはやされた時期があった。

　一方で，順位に直すことによって，量的な意味が失われてしまう。新薬が偽薬より有意に血圧を下げるということがわかっても，平均して血圧を何mmHg下げるかがわからなければ，使えない。

　ノンパラメトリック検定についての批判はまだある。Andrew Gelman はブログ記事 "Don't do the Wilcoxon" で「Wilcoxon 使うな」と論じている[1]。連続量を順位に直すところで情報を失うだけでなく，p 値しか出せない「行き止まり」の方法であることが一番の問題で，むしろ順位データは，上に示したように qnorm() で正規分布の分位点に直して，通常の方法で扱うことを勧めている。

---

[1] http://andrewgelman.com/2015/07/13/dont-do-the-wilcoxon/

Chapter 13 生存時間解析

13.1 プロローグ

「赤ちゃんに毎日保湿剤 アトピー減」という報道があった（NHK「かぶん」ブログ，2014年10月01日，現在は消えている）。これによると，アトピー性皮膚炎になった家族がいる新生児118人を無作為に2分し，一方には保湿剤を毎日全身に塗ったところ，保湿剤を塗った群では19人，対照群は28人がアトピー性皮膚炎になった。保湿剤には発症のリスクを32%抑える効果があると証明できた。

	皮膚炎あり	皮膚炎なし
保湿剤あり	19	40
保湿剤なし	28	31

念のため fisher.test() で検定してみよう。

```
> fisher.test(matrix(c(19,28,40,31), nrow=2))
```

$p = 0.1321$ にしかならない。

元論文 [73] を読んでると，カプラン・マイヤー法で $p = 0.012$ とのことである。これはどういう方法なのか。どうして fisher.test() で有意にならなかったものがカプラン・マイヤー法なら有意になるのか。

このあたりの話は臨床試験の話を理解する上でも必須の知識である。ここでは計算の話しかできないので，詳しくは現場の立場で書かれた山崎力先生の本 [74, 75] をお薦めする。

13.2　生存時間解析

　ここで扱う「survival analysis」は，生存分析，生存時間分析，生存時間解析といった訳語があるが，ここではHosmerたちの本[76]の邦訳に従って**生存時間解析**と呼ぶことにする。

　「生存時間」というと，生死を扱うように聞こえるが，原著の副題にある"time to event"つまり「何らかの事象までの時間」というほうが正確である。プロローグで述べた新生児のアトピー性皮膚炎発症までの時間や，鉄棒の練習を始めてから逆上がりができるまでの時間など，多くの場合に使える。ここで重要なのは，途中で観測対象から外れる場合を考慮しなければならないことである。

　Rで生存時間解析を行うパッケージとして，以下では **survival** を使う。

```
> install.packages("survival")
> library(survival)
```

　Hosmerたちの本では，例としてWorcester Heart Attack Studyの100人分のデータ（WHAS100）を使っている。このデータはネット上で見つけられるが，念のため本書サポートページに whas100.csv として置いておいた。

```
> options(stringsAsFactors=FALSE)
> whas100 = read.csv("whas100.csv")
```

✎ stringsAsFactors=FALSE または as.is=TRUE を read.csv() の中に指定してもよい：

```
> whas100 = read.csv("whas100.csv", stringsAsFactors=FALSE)
```

データ whas100 の各項目の意味は次の通りである：

admitdate	入院日（mm/dd/yyyy）
foldate	追跡最終日（mm/dd/yyyy）
los	入院期間（日）
lenfol	追跡総期間（追跡最終日 - 入院日）
fstat	最終追跡時の状態（0：生存，1：死亡）
age	入院時の年齢
gender	性別（0：男，1：女）
bmi	BMI（kg/m^2）

追跡総期間の順に最初と最後を表示してみる：

13.2 生存時間解析

```
> o = order(whas100$lenfol)
> head(whas100[o,])
   id admitdate   foldate los lenfol fstat age gender      bmi
1   1  3/13/1995  3/19/1995   4      6     1  65      0 31.38134
31 31   9/3/1995   9/9/1995   4      6     1  72      0 27.97907
56 56   9/1/1997  9/15/1997  11     14     1  64      1 24.41255
85 85  12/2/1997  1/15/1998   3     44     1  71      0 23.05630
98 98 11/26/1997  1/27/1998   8     62     1  86      1 14.91878
53 53  8/20/1997 11/17/1997   3     89     1  87      1 18.77718
> tail(whas100[o,])
   id admitdate   foldate los lenfol fstat age gender      bmi
18 18 10/30/1995  1/5/2003   9   2624     1  61      0 30.71420
27 27 10/18/1995 12/31/2002  2   2631     0  68      0 26.44693
11 11 10/11/1995 12/31/2002  6   2638     0  73      1 28.43344
16 16  10/8/1995 12/31/2002  5   2641     0  39      0 30.10881
33 33  7/22/1995 12/22/2002  8   2710     1  81      1 28.64898
10 10  7/22/1995 12/31/2002  9   2719     0  40      0 21.78971
```

最初の人（id = 1）は，1995年3月13日に入院したときから観察を開始し，6日後（lenfol = 6）に死亡（fstat = 1）した。一方，最後の人（id = 10）は，1995年7月22日に入院したときから観察を開始し，2719日後（lenfol = 2719）の2002年12月31日に観察を終了した時点では生存（fstat = 0）している。

このように，入院日（観察開始日）は人それぞれであるが，これを0日目として，男女別に生存割合をプロットしてみると，図13.1のようになる。

```
> s = survfit(Surv(lenfol, fstat) ~ gender, data=whas100)
> plot(s)
```

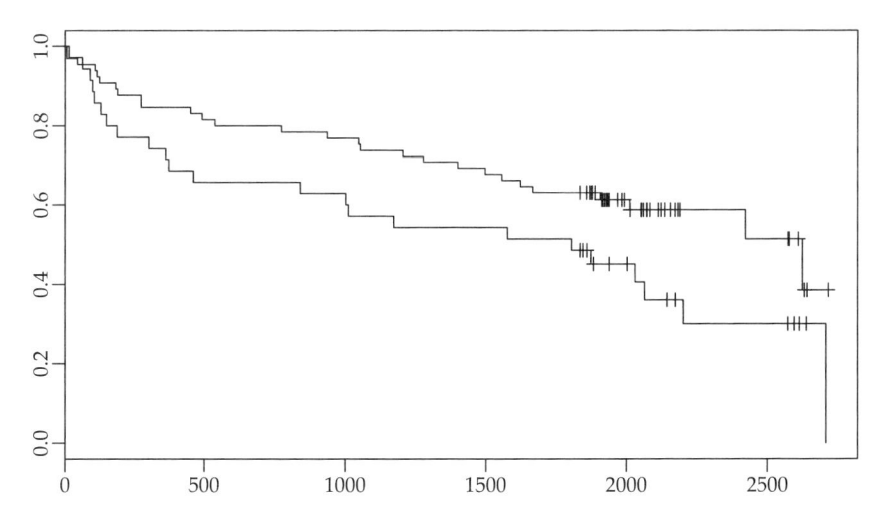

図13.1 男女別の生存割合。上が男，下が女。

- 上で ~gender を ~1 とすれば，男女に分けずに，全体の生存曲線とその95％信頼区間をプロットする。

- 上で Surv(lenfol, fstat) は survival オブジェクトというものを作るための関数である。試しに

```
> Surv(whas100$lenfol, whas100$fstat)
```

または同じことであるが

```
> with(whas100, Surv(lenfol, fstat))
```

と打ち込んでみれば，次のように出力される：

```
 [1]    6   374  2421    98  1205  2065  1002  2201   189  2719+ 2638+  492
[13]  302  2574+ 2610+ 2641+ 1669  2624  2578+ 2595+  123  2613+  774  2012
[25] 2573+ 1874  2631+ 1907   538   104     6  1401  2710   841   148  2137+
[37] 2190+ 2173+  461  2114+ 2157+ 2054+ 2124+ 2137+ 2031  2003+ 2074+  274
[49] 1984+ 1993+ 1939+ 1172    89   128  1939+   14  1011  1497  1929+ 2084+
[61]  107   451  2183+ 1876+  936   363  1048  1889+ 2072+ 1879+ 1870+ 1859+
[73] 2052+ 1846+ 2061+ 1912+ 1836+  114  1557  1278  1836+ 1916+ 1934+ 1923+
[85]   44  1922+  274  1860+ 1806  2145+  182  2013+ 2174+ 1624   187  1883+
[97] 1577    62  1969+ 1054
```

この 2719+ は少なくとも 2719 日生存したということを表す。

男（上の線）より女（下の線）のほうが生存者の割合が速く減少していることがわかる。グラフの短い縦線は，その時点で生存しながら観察期間を終えた人がいることを表す。このような図を**カプラン・マイヤー曲線**（Kaplan-Meier curve）という。

このグラフの表すものは，母集団の「生存関数」の推定値（カプラン・マイヤー推定値）である。これは，初期値を1として，次のように計算する：第 i 日の最初に観察中の人が n_i 人いて，その日のうちに d_i 人が死亡したとすると，生存関数の第 i 日の値は第 $i-1$ 日の値の $(n_i - d_i)/n_i$ 倍である。日付が変わると，分母 n_i は死亡数と観察終了数だけ減る。観察終了は，観察期間が終了するか，対象者が何らかの理由で観察対象から外れたときに生じる。

この男女差を統計的に検定するには，survdiff() 関数を使う：

```
> survdiff(Surv(lenfol, fstat) ~ gender, data=whas100)
Call:
survdiff(formula = Surv(lenfol, fstat) ~ gender, data = whas100)

          N Observed Expected (O-E)^2/E (O-E)^2/V
gender=0 65       28     34.6      1.27      3.97
gender=1 35       23     16.4      2.68      3.97

 Chisq= 4  on 1 degrees of freedom, p= 0.0463
```

デフォルトでは後述の**ログランク検定**（log-rank test）が行われる。$p = 0.0463$ である。

✎ survdiff() は p 値を表示するが，ほかで使うために p 値だけ取り出すには，次のようにすればよい：

```
pchisq(survdiff(Surv(lenfol, fstat) ~ gender, data=whas100)$chisq, 1,
    lower.tail=FALSE)
```

✎ ヘルプによれば，`survdiff()` のデフォルト `rho=0` では log-rank (Mantel-Haenszel) test が行われ，`rho=1` では Peto & Peto modification of the Gehan-Wilcoxon test が行われる。

このログランク検定は次のような手順で行われる。まず初期値は男女それぞれ 65 人，35 人である。5 日目までは何も起こらないが，6 日目に 2 人死亡し，2 人とも男性である。この確率は，フィッシャーの正確検定のところで述べたものとまったく同じで，壺の中に男女それぞれ 65 人，35 人が入っており，ランダムに 2 人取り出したときの分布（超幾何分布）である：

	男	女
取り出した	2	0
まだ壺の中	63	35

確率 $\frac{{}_{65}C_2 \cdot {}_{35}C_0}{{}_{100}C_2} = 0.420202$

同様に，

	男	女
取り出した	1	1
まだ壺の中	64	34

確率 $\frac{{}_{65}C_1 \cdot {}_{35}C_1}{{}_{100}C_2} = 0.459596$

	男	女
取り出した	0	2
まだ壺の中	65	33

確率 $\frac{{}_{65}C_0 \cdot {}_{35}C_2}{{}_{100}C_2} = 0.120202$

で，当然ながら合計すると 1 になる。死亡する男の人数の期待値は $0.420202 \times 2 + 0.459596 \times 1 + 0.120202 \times 0 = 1.3$ であるが，これは当然ながら $2 \times 65/100$ でも求められる。

男の死亡数の分散は $0.420202 \times (2-1.3)^2 + 0.459596 \times (1-1.3)^2 + 0.120202 \times (0-1.3)^2 = 0.450404$ である。

一般に，$n_1 + n_2 = n$ 人のうち d 人が死亡するなら，片方の期待値は dn_1/n であり，分散は

$$V = \frac{n_1}{n} \cdot \frac{n_2}{n} \cdot \frac{d(n-d)}{n-1}$$

である。これらを，死亡が観測されたすべての日 i について計算すれば，

$$\frac{\sum(d_i - d_i n_{1i}/n_i)}{\sqrt{\sum V_i}}$$

は標準正規分布 $N(0,1)$ に従うことを使って検定ができる。あるいは，上の式の 2 乗が自由度 1 のカイ 2 乗分布に従うとしてもよい。これが `survdiff()` のやっていることである。

ところで，上の話は 59 人 ×2 のグループで 47 人が発症し，その 2×2 表は `fisher.test()` では有意にならず生存時間解析のログランク検定で有意になった。シミュレーションにより，両テストの p 値を比較してみよう（図 13.2 左）。

✎ 図 13.2 左は次のようにして描いた：

```
f = function() {
    x = matrix(59, 59, 2)
    y = matrix(0, 59, 2)
    z = matrix(0:1, 59, 2, byrow=TRUE)
    for (i in 1:47) {
        j = sample(2, 1)
        x[i, j] = i
        y[i, j] = 1
    }
    chi2 = survdiff(Surv(as.vector(x), as.vector(y)) ~ as.vector(z))$chisq
    p1 = pchisq(chi2, 1, lower.tail=FALSE)
    p2 = fisher.test(matrix(c(sum(y[,1]), 59-sum(y[,1]), sum(y[,2]),
                              59-sum(y[,2])), nrow=2))$p.value
    c(p1, p2)
}
a = replicate(1000, f())
plot(a[1,], a[2,], xlab="log-rank test", ylab="Fisher test", asp=1)
```

このような発症数47固定ではfisher.test()の特徴的な離散構造が出過ぎてしまい，p値がとびとびの値をとってしまう（図13.2左）。発症数を固定せず，どれも47/118の確率で発症するとすれば，やや改善される（図13.2右）。

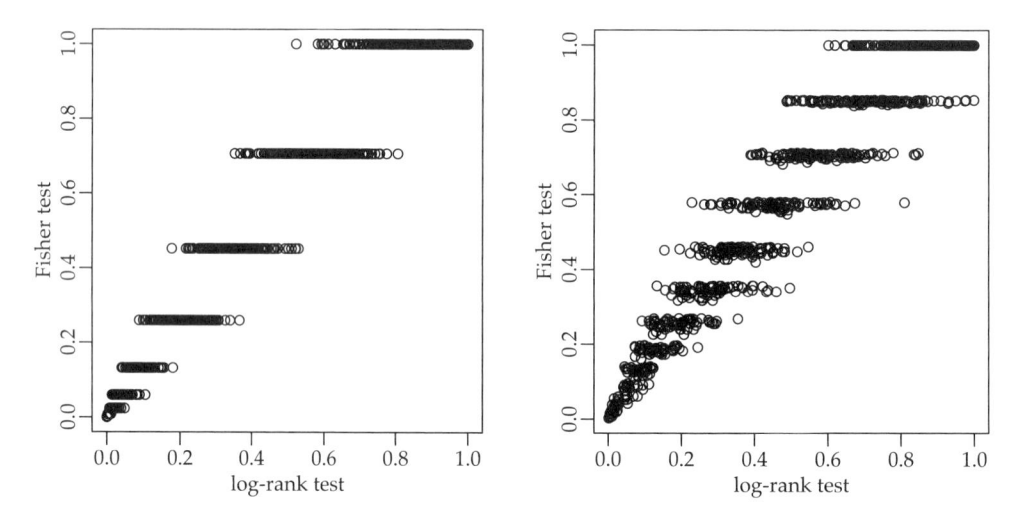

図13.2 シミュレーションによるログランク検定とフィッシャーの正確検定の比較。左は発症数固定，右は発症率固定。

※ 図13.2右は次のようにして描いた：

```
f = function() {
    x = matrix(1, 59, 2)
    y = matrix(0, 59, 2)
    z = matrix(0:1, 59, 2, byrow=TRUE)
    for (i in 1:118) {
        if (runif(1) < 47/118) {
            x[i] = runif(1)
            y[i] = 1
        }
    }
    chi2 = survdiff(Surv(as.vector(x), as.vector(y)) ~ as.vector(z))$chisq
```

```
            p1 = pchisq(chi2, 1, lower.tail=FALSE)
            p2 = fisher.test(matrix(c(sum(y[,1]), 59-sum(y[,1]), sum(y[,2]),
                                      59-sum(y[,2])), nrow=2))$p.value
            c(p1, p2)
        }
        a = replicate(1000, f())
        plot(a[1,], a[2,], xlab="log-rank test", ylab="Fisher test", asp=1)
```

ログランク検定のほうが有意になりやすいということはないのか。試してみよう：

```
> a = replicate(100000, f())
> mean(a[1,] < 0.05) # ログランク検定が5%有意になる確率→ほぼ0.05
> mean(a[2,] < 0.05) # fisher.test()が5%有意になる確率→ほぼ0.03
```

`fisher.test()` はやや保守的になり，有意になりにくい。ログランク検定はほぼ想定通りである。

エピローグ：ネ申 Excel の黄昏

　東日本大震災直後，電力会社やお役所の発表するデータを何とか見やすい形にまとめようと努力した。多くの「データ」はデータ以前の状態であった。おそらく Excel に入力され，セル結合して，きれいに罫線を引いて，PDFで出力され，ひどい場合には「セキュリティ」（テキスト抽出禁止）が設定してあったり，さらにひどい場合には画像化されたりしていた。ここからデータを抽出するのにたいへん苦労した。

　こういう苦労は，このときが初めてではない。われわれの業務でも，ネ申Excelなどと揶揄される複雑な帳票ファイルがしばしば使われる。ひどい場合には，セルを正方形にした Excel 方眼紙のセルに 1 文字ずつ入力する。該当のものを○で囲む際には図形の○を挿入する。□にチェックを付ける方法も一定していない。これでは自動集計は不可能である。

　このような状況を打開するためにも，簡単な自動処理の技術，あるいは少なくとも自動処理で仕事が楽になるという発想を普及させなければならないとあちこちで宣伝してきた [77, 78, 79, 80, 81, 82]。

　幸い，日本でも**オープンデータ**（自由に使える機械可読なデータ）への理解が進み，いろいろなデータが機械可読な形で提供されるようになってきた。

　このような時代に，データを読み解くためには，統計学の基本知識とともに，何らかのデータ解析用言語を学ぶ必要がある。その目的で書いたのが本書である。書いてみて，少し数式が多くなって敬遠されないか心配ではあるが，数式を読み飛ばしても，Rのコードを打ち込めば，数式の語る意味を理解していただけるのではないかと思う。例えば中心極限定理がわからなくても，

```
> hist(runif(10000))
> hist(runif(10000)+runif(10000))
> hist(runif(10000)+runif(10000)+runif(10000)+runif(10000))
```

などと打ち込んで遊んでいるうちに，どんな乱数でもいくつか足せば正規分布になるという中心極限定理の意味が理解できるのではないか。

　そういう趣旨の本であるので，とにかく遊んで楽しんでいただければ幸いである。

参考文献

[1] R Core Team: *R: A Language and Environment for Statistical Computing*, http://www.R-project.org.

[2] R. A. Becker, J. M. Chambers, and A. R. Wilks, *The New S Language* (Chapman and Hall, 1988); 渋谷政昭，柴田里程 訳『S言語』I, II（共立出版，1991年）.

[3] John M. Chambers, *Programming with Data: A Guide to the S Language* (Springer, 1998).

[4] John M. Chambers, *Software for Data Analysis: Programming with R* (Springer, 2008).

[5] Hadley Wickham, *Advanced R* (CRC Press, 2014); http://adv-r.had.co.nz/; 石田基広，市川太祐，高柳慎一，福島真太朗 訳『R言語徹底解説』（共立出版，2016年）.

[6] John M. Chambers: Object-Oriented Programming, Functional Programming and R, *Statistical Science* Vol. 29, No. 2, 167–180 (2014); http://arxiv.org/abs/1409.3531

[7] S. S. Stevens, "On the Theory of Scales of Measurement", *Science* **103**, No. 2684, 677–680 (1946).

[8] John W. Tukey, *Exploratory Data Analysis* (Addison-Wesley, 1977).

[9] Edward R. Tufte, *The Visual Display of Quantitative Information* (Graphics Press, 1983).

[10] Edward R. Tufte, *Envisioning Information* (Graphics Press, 1990).

[11] Edward R. Tufte, *Visual Explanations* (Graphics Press, 1997).

[12] Edward R. Tufte, *Beautiful Evidence* (Graphics Press, 2006).

[13] William S. Cleveland, *The Elements of Graphing Data, 2nd edition* (Hobart Press, 1994).

[14] William S. Cleveland, *Visualizing Data* (Hobart Press, 1993).

[15] 高井啓二，星野崇宏，野間久史『欠測データの統計科学』（岩波書店，2016年）.

[16] パウンドストーン『選挙のパラドクス』（青土社，2008年）.

[17] 坂井豊貴『多数決を疑う』（岩波書店，2015年）.

[18] ガウス『誤差論』（飛田武幸，石川耕春 訳，紀伊國屋書店，1981年）.

[19] J. Neyman and E. S. Pearson, "On the Problem of the most Efficient Tests of Statistical Hypotheses", *Phil. Trans. R. Soc. Lond. A* **231**, 289–337 (1933).

[20] R. A. Fisher, "The arrangement of field experiments", *Journal of the Ministry of Agriculture of Great Britain* **33**, 503–513 (1926).

[21] Andrew Gelman *et al.*, *Bayesian Data Analysis, 3rd ed.* (CRC Press, 2014).

[22] Y. Fukuda *et al.*, "Evidence for Oscillation of Atmospheric Neutrinos", *Phys. Rev. Lett.* **81**, 1562–1567 (1998).

[23] David Trafimowa and Michael Marksa, "Editorial", *Basic and Applied Social Psychology*; DOI:10.1080/01973533.2015.1012991 (2015).

[24] Jeffrey C. Valentinea, Ariel M. Aloeb, and Timothy S. Laua, 'Life After NHST: How to Describe Your Data Without "*p*-ing" Everywhere', *Basic and Applied Social Psychology*; DOI:10.1080/01973533.2015.1060240 (2015).

[25] Ronald L. Wassersteina and Nicole A. Lazara, "The ASA's statement on p-values: context, process, and purpose", American Statistical Association, *The American Statistician.* DOI:10.1080/00031305.2016.1154108 (2016).

[26] 瀬々潤，浜田道昭『生命情報処理における機械学習：多重検定と推定量設計』（講談社，2015 年）．
[27] Bradley Efron, *Large-Scale Inference* (Cambridge University Press, 2010).
[28] Kenneth E. Rothman, Sander Greenland, and Timothy L. Lash, *Modern Epidemiology, 3rd ed.* (LWW, 2008).
[29] Theodore E. Sterne, "Some Remarks on Confidence of Fiducial Limits", *Biometrika*, Vol. 41, No. 1, 275–278 (1954).
[30] Paul W. Vos and Suzanne Hudson, "Problems with binomial two-sided tests and the associated confidence intervals", *Australian & New Zealand Journal of Statistics*, Vol. 50, Issue 1, 81–89 (2008).
[31] C. J. Clopper and E. S. Pearson, "The Use of Confidence or Fiducial Limits Illustrated in the Case of the Binomial", *Biometrika*, Vol. 26, 404–413 (1934).
[32] Alan Stuart, J. Keith Ord and Steven Arnold, *Kendall's Advanced Theory of Statistics, 6th ed., Vol. 2A*, (Arnold, 1999).
[33] Helge Blaker, "Confidence curves and improved exact confidence intervals for discrete distributions", *The Canadian Journal of Statistics*, Vol. 28, No. 4, 783–798 (2000); "Corrigenda: Confidence curves and improved exact confidence intervals for discrete distributions", Vol. 29, No. 4, p. 681 (2001).
[34] 久保亮五『統計力学』（共立出版，1952 年）．
[35] 大沢文夫『大沢流 手づくり統計力学』（名古屋大学出版会，2011 年）．
[36] 上本道久「検出限界と定量下限の考え方」ぶんせき 2010 5 216–221 (http://www.jsac.or.jp/bunseki/pdf/bunseki2010/201005nyuumon.pdf).
[37] 上本道久『分析化学における測定値の正しい取り扱い方』（日刊工業新聞社，2011 年）．
[38] G. J. Feldman and R. D. Cousins, "A Unified Approach to the Classical Statistical Analysis of Small Signals", *Physical Review D* **57**, 3873, DOI:10.1103/PhysRevD.57.3873 (1998); http://arxiv.org/abs/physics/9711021.
[39] Tomotaka Sobue, Seiichiro Yamamoto1, Megumi Hara, Shizuka Sasazuki, Satoshi Sasaki, Shoichiro Tsugane, JPHC Study Group, "Cigarette smoking and subsequent risk of lung cancer by histologic type in middle-aged Japanese men and women: The JPHC study", *International Journal of Cancer* **99**, 245–251 (2002).
[40] Beom Jun Kim, Dong Myeong Lee, Sung Hun Lee, Wan-Suk Gim, "Blood-type distribution", *Physica A* **373**, 533–540 (2007).
[41] F. Yates, "Test of Significance for 2×2 Contingency Tables", *Journal of the Royal Statistical Society, Series A (General)*, Vol. 147, No. 3, 426–463 (1984).
[42] Michael P. Fay, "Two-sided Exact Tests and Matching Confidence Intervals for Discrete Data", *R Journal* **2**, 53–58 (2010).
[43] Matthijs J. Warrens, "On Association Coefficients for 2×2 Tables and Properties That Do Not Depend on the Marginal Distributions", *Psychometrika* **73**, 777–789 (2008).
[44] Michael Borenstein, Larry V. Hedges, Julian P. T. Higgins, Hannah R. Rothstein, *Introduction to Meta-Analysis* (Wiley, 2009).
[45] Working Group 1 of the Joint Committee for Guides in Metrology, *Evaluation of measurement data — Guide to the expression of uncertainty in measurement* (2008), http://www.bipm.org/en/publications/guides/gum.html
[46] B. L. Welch, The significance of the difference between two means when the population variances are unequal, *Biometrika*, Vol. 29, 350–362 (1938).
[47] Publication Manual of the American Psychological Association, 6th ed. (American Psychological Association, 2010); http://www.apastyle.org/manual/
[48] A. D. I. Kramera, J. E. Guilloryb, and J. T. Hancockb, "Experimental evidence of massive-scale emotional contagion through social networks," *PNAS* **111**, 8788–8790 (2014), doi:10.1073/pnas.1320040111
[49] John M. Hoenig and Dennis M. Heisey, The Abuse of Power - The Pervasive Fallacy of Power Calculations for Data Analysis (http://amstat.tandfonline.com/doi/abs/10.1198/000313001300339897),

The American Statistician, Vol. 55, Issue 1, 19–24 (2012).

[50] Geoff Cumming, *Understanding The New Statistics: Effect Sizes, Confidence Intervals, and Meta-Analysis* (Routledge, 2011).

[51] Geoff Cumming, The New Statistics: Why and How (http://pss.sagepub.com/content/25/1/7), *Psychological Science*, Vol. 25, No. 1, 7–29 (2014).

[52] Wolfgang Viechtbauer, "Conducting Meta-Analyses in R with the metafor Package", *Journal of Statistical Software* Vol. 36, Issue 3, DOI:10.18637/jss.v036.i03 (2010).

[53] Ingram Olkin and John W. Pratt, "Unbiased Estimation of Certain Correlation Coefficients", *The Annals of Mathematical Statistics*, Vol. 29, No. 1, 201–211 (1958).

[54] D. J. Best and D. E. Roberts, "Algorithm AS 89: The Upper Tail Probabilities of Spearman's Rho", *Applied Statistics*, Vol. 24, No. 3, 377–379 (1975).

[55] 菊池誠ほか『もうダマされないための「科学」講義』（光文社，2011 年）．

[56] E. Fischbach, D. Sudarsky, A. Szafer, C. Talmadge, and S. H. Aronson, "Reanalysis of the Eötvös experiment", *Phys. Rev. Lett.* **56**, 3 (1986). Errata *Phys. Rev. Lett.* **56**, 1427 (1986); *Phys. Rev. Lett.* **57**, 1192 (1986).

[57] 奥村晴彦『パソコンによるデータ解析入門：数理とプログラム実習』（技術評論社，1986 年）．

[58] Tom Fawcett, "An introduction to ROC analysis", *Pattern Recognition Letters* **27**, 861–874 (2006).

[59] Nate Silver, *The Signal and the Noise: Why So Many Predictions Fail—but Some Don't* (Penguin, 2012).

[60] CMS Collaboration, "Observation of a new boson at a mass of 125 GeV with the CMS experiment at the LHC", *Physics Letters B*, Vol. 716, 30–61 (2012).

[61] O. Behnke, K. Kröninger, G. Schott, T. Schörner-Sadenius, eds., *Data Analysis in High Energy Physics: A Practical Guide to Statistical Methods* (Wiley, 2013).

[62] A. J. Dobson and A. G. Barnett, *An Introduction to Generalized Linear Models, 3rd ed.* (CRC Press, 2008).

[63] J. C. Pinheiro and D. M. Bates, *Mixed-Effects Models in S and S-PLUS* (Springer, 2000).

[64] Maurits Kaptein, Clifford Nass, and Panos Markopoulos, "Powerful and Consistent Analysis of Likert-Type Rating Scales", *Proceedings of the 28th International Conference on Human Factors in Computing Systems: CHI 2010*, 2391–2394 (2010).

[65] Judy Robertson, "Likert-type Scales, Statistical Methods, and Effect Sizes", *Communications of the ACM*, **55**, No. 5, 6–7 (2012).

[66] Maurits Kaptein and Judy Robertson, "Rethinking Statistical Analysis Methods for CHI", *Proceedings of the 30th International Conference on Human Factors in Computing Systems: CHI 2012*, 1105–1113 (2012).

[67] Frank Wilcoxon, "Individual comparisons by ranking methods", *Biometrics Bulletin*, Vol. 1, 80–83 (1945).

[68] H. B. Mann and D. R. Whitney, "On a Test of Whether one of Two Random Variables is Stochastically Larger than the Other", *The Annals of Mathematical Statistics*, Vol. 18, No. 1, 50–60 (1947).

[69] Edgar Brunner and Ullrich Munzel, "The nonparametric Behrens-Fisher problem: Asymptotic theory and a small-sample approximation", *Biometrical Journal*, Vol. 42, 17–25 (2000).

[70] Karin Neubert and Edgar Brunner, "A studentized permutation test for the non-parametric Behrens-Fisher problem", *Computational Statistics and Data Analysis*, Vol. 51, 5192–5204 (2007).

[71] Bradley Efron and R. J. Tibshirani, *An Introduction to the Bootstrap* (Springer, 1993).

[72] Alan Agresti, *Analysis of Ordinal Categorical Data, 2nd ed.* (Wiley, 2010).

[73] Kenta Horimukai *et al.*, "Application of moisturizer to neonates prevents development of atopic dermatitis", *Journal of Allergy and Clinical Immunology*, Vol. 134, No. 4, 824–830.e6 (2014), doi:10.1016/j.jaci.2014.07.060

[74] 山崎力『医学統計ライブスタイル』（SCICUS，2009 年）．

[75] 山崎力，小出大介『臨床研究いろはにほ』（ライフ・サイエンス出版，2015 年）．

[76] D. Hosmer, S. Lemeshow, and S. May, *Applied Survival Analysis: Regression Modeling of Time to Event Data, 2nd edition* (2008); 五所正彦 監訳『生存時間解析入門［原書第 2 版］』（東京大学出版会，2014 年）．

[77] 奥村晴彦「情報教育と統計」情報処理学会研究報告 コンピュータと教育，2008-CE-97（2008）．

[78] 奥村晴彦「R を使った情報教育」情報処理学会 SSS2010 論文集（2010）．
[79] Haruhiko Okumura, "The 3.11 Disaster and Data", *Journal of Information Processing*, Vol. 22, No. 4 (2014), `doi:10.2197/ipsjjip.22.566`
[80] 奥村晴彦「情報教育と統計教育 No. 1: R による 1 行プログラミング」情報処理 Vol. 56, No. 7, 692–695 (2015 年 7 月)．
[81] 奥村晴彦「情報教育と統計教育 No. 2: 手順的な自動処理と機械可読データ」情報処理 Vol. 56, No. 8, 806–809 (2015 年 8 月)．
[82] 奥村晴彦「情報教育と統計教育 No. 3: 統計と情報教育研究」情報処理 Vol. 56, No. 9, 902–905 (2015 年 9 月)．
[83] 奥村晴彦：統計・データ解析，`http://oku.edu.mie-u.ac.jp/~okumura/stat/`（`http://okumuralab.org/~okumura/stat/` に移動予定）．

索 引

【記号】

.RData　5
.Rhistory　5
.Rprofile　5
2項分布　33

【A】

add=TRUE　26
AIC　138
anova()　100
arrows()　129
atest2015.csv　153
axis()　162

【B】

barplot()　162
bestglm()　140
binom.exact()　45, 90
binom.test()　36, 37, 49, 90
Bioconductor　12
blaker.exact()　85, 86
BOM　9
boxplot()　23
break　3
brunner.munzel.test()　166

【C】

c()　4, 5
Cairo　11
chisq.test()　80, 86
chisq.test(correct=FALSE)　86
choose()　33, 76
coef()　149
cohen.d()　105
coin　164
combn()　168
cor()　113, 114
cor.test()　114, 116
cov()　116

COVAR()（Excel）　116
COVARIANCE.P()（Excel）　116
COVARIANCE.S()（Excel）　116
CP932　8
CRAN　1
CSV　7
curve()　26

【D】

data.frame()　6
data.table　9
dbeta()　41
dbinom()　34, 37
dcauchy()　29
dchisq()　30
deviance　135
dexp()　55
df()　32
dir()　13
dnbinom()　52
dnorm()　25, 27
do.call()　13
dpois()　54
dt()　31

【E】

effsize　105
else　3
Epi　83, 84
epitools　83, 85
escalc()　109
exact2x2　79, 85, 89
exact2x2()　85
exactci　44, 45, 69, 90
exactRankTests　164
Excel方眼紙　181
exp()　3

【F】

F　3
factanal()　158

factorial()　33
FALSE　3
feather　9
fisher.exact()　79, 85, 86
fisher.test()　77–79, 86, 121, 173, 177–179
fitted()　140
fivenum()　23
fmsb　85
for　3
function　3
function()　22
F分布　32

【G】

getwd()　5
GitHub　12
glm()　134, 140, 148
gnls()　134, 149

【H】

head()　30
HH　162
hist()　9, 24

【I】

iconv　9
if　3
in　3
Inf　3, 26
install.packages()　12
integrate()　26
IQR()　23

【L】

lapply()　13
lawstat　166
library()　12
lm()　100, 126, 130, 140

【M】

MAD 23
mad() 23
make 11
Makefile 11
matrix() 77
mcnemar.exact() 85, 89, 90
mcnemar.test() 88
mean() 16, 17, 64
median() 17
meta 109
metafor 109
midrank 170

【N】

NA 3, 16
na.rm 16
NaN 3
next 3
nikkyoso.csv 121
nkf 9
nlme 149
NULL 3

【O】

oddsratio() 83–86
oddsratio.fisher() 83, 86
oddsratio.midp() 83, 86
oddsratio.small() 84, 86
oddsratio.wald() 83, 84, 86
oneway.test() 101
optim() 125, 126, 132, 147, 149
optimize() 147
options() 2

【P】

p.adjust() 40
par() 10
pbeta() 41
pbinom() 34
pcauchy() 29
pchisq() 30
pexp() 55
pf() 32
pi 3
pnbinom() 52
pnorm() 27
poisson.exact() 69
poisson.test() 66, 67
ppois() 54
prcomp() 157
princomp() 157
print() 2
psych 17, 87
pt() 32, 93
p 値 35
p 値関数 43
p ハッキング 40, 114

【Q】

q() 5
qbinom() 35
qcauchy() 29
qchisq() 30
qexp() 55
qf() 32
qnorm() 27, 170, 171
qpois() 54
qt() 32
quantile() 23
QUARTILE()（Excel） 23
QUARTILE.EXC()（Excel） 23
QUARTILE.INC()（Excel） 23
quartz() 11

【R】

rad.csv 65
rank() 170
rateratio() 85
rbind() 13
rbinom() 35
rcauchy() 29
rchisq() 31
read.csv() 8, 9, 174
read_excel() 13
readr 9
readxl 12, 13
rep() 6
repeat 3
replicate() 41, 167
rexp() 55
rf() 32
ridit 170
rika.csv 28
rika_hist.csv 28
riskratio() 85
rm() 3
rmeta 109
Rmpfr 2
RNGkind() 24
rnorm() 27
ROC() 142
ROC.R 142
round() 6
rpois() 54
Rscript 11
rsvg 11
rsvg_pdf() 12
rt() 32
runif() 24–26

【S】

sapply() 37
savehistory() 5
sd() 22
search() 13
seq() 6

setwd() 5
step() 138, 140
summary() 130, 148
survdiff() 176, 177
survival 174

【T】

T 3
t.test() 94, 95, 97
tail() 30
trim 17
trimmed mean 17
TRUE 3
twoby2() 83, 84, 86
t 分布 31

【U】

unbinned 150
uniroot() 43, 50, 148
UTF-8 8

【V】

var() 116
var.equal 95
VAR.P()（Excel） 22
var.test() 96
VARP()（Excel） 22
vcd 84
vcov() 148, 150

【W】

whas100 174
whas100.csv 174
while 3
wilcox.exact() 164
winsor() 17
write.csv() 8

【Y】

Yule() 87

【ア行】

イェイツの連続性補正 80
一元配置分散分析 98
一様乱数 24
一般化線形モデル 148
因子分析 158
ウィルコクソン検定 163
ウィンザライズド平均 17
ウェルチのt検定 95
エラーバー 22, 108
オープンデータ 181
オッズ比 81
折れ線グラフ 15

【カ行】

回帰 128

索 引

回帰分析　125
階乗　33
カイ 2 乗検定　80
カイ 2 乗分布　30
ガウシアン　26
ガウス分布　26
拡張不確かさ　91
確率変数　18
確率密度関数　24
仮説検定　36
片対数グラフ　15, 145
カテゴリカルデータ　15
カプラン・マイヤー曲線　176
ネ申 Excel　181
刈り込み平均　17
間隔尺度　15
幾何平均　17
棄却　36
危険度　81
危険率　36
疑似相関　123
期待値　18
帰無仮説　35
共分散　115
組合せ　33
クラスカル・ウォリス検定　102
クラメールの V　87
クロス集計　75
系統誤差　91
欠測値　16
検出限界　61
検出力　42, 106
検定　36
ケンドールの順位相関係数
　　　114, 117
効果量　103
項目反応理論　140
交絡　123
コーエンの d　104
コーシー分布　29
誤差　91
五数要約　23
固定効果モデル　109
コピペ汚染　9
混同行列　141

【サ行】

最小 2 乗法　125, 130
最尤推定量　78
最尤法　50, 126, 146
作業ディレクトリ　5
算術平均　16
散布図　15
時系列　15
事前確率　39
シフト JIS　8
四分位数　23
四分位範囲　23
四分位偏差　23

自由度　30
周辺度数　77
主軸変換　155
主成分分析　155
出版バイアス　109
順序カテゴリカルデータ　15
順序尺度　15
信頼区間　43
スチューデントの t 分布　31
スピアマンの順位相関係数
　　　114, 117
正規分布　26
正規乱数　27
生存時間解析　174
説明変数　125
相加平均　16
相関係数　113
相乗平均　17
相対危険度　81
相対リスク　81

【タ行】

第 1 種の誤り　37
第 2 種の誤り　37
第五の力　129
代表値　16
対立仮説　37
多重検定　40
多重比較　40
チャートジャンク　16
中央値　17
中心極限定理　26, 48
超幾何分布　77
調整平均　17
定量下限　61
データフレーム　6
統計誤差　91
統計的仮説検定　36
統計的検定　36
特異値分解　155
独立　18
度数分布図　9
トリムド平均　17
トリム平均　17

【ナ行】

中野・西島・ゲルマンの法則
　　　158
並べ替え検定　167
並べ替えブルンナー・ムンツェル検定　168
2 項検定　36
ネイマン　37
ノンパラメトリック　163

【ハ行】

バイプロット　156
箱ひげ図　23

外れ値　30
パッケージ　12
ピアソン　37
ピーク　143
ヒストグラム　9
標準化　115
標準誤差　22, 91
標準正規分布　25
標準不確かさ　91
標準偏差　19
標本　18
標本分散　21
標本平均　18
比率尺度　15
比例尺度　15
ビン　143
ヒンジ　23
頻度主義者　39
頻度論者　39
ファイ係数　87
ファクター　9
ファンネルプロット　109
フィッシャー　37
フィッシャーの正確検定　77
フィット　125
ブートストラップ　169
プール　95
フォレストプロット　108
符号検定　89
不確かさ　91
負の 2 項分布　52
不偏推定量　20
不偏分散　20
ブルンナー・ムンツェル検定
　　　165
分位関数　27
分位点関数　27
分割表　75
分散　19
分散分析　98
分布関数　27
平均値　16
ベイジアン　39
ベータ分布　41
ベッセルの補正　21
ベルヌーイ分布　47
偏差値　28
ポアソン分布　53
包含係数　91
棒グラフ　15
母集団　18
母分散　19
母平均　18
ホワイトノイズ　122
ボンフェローニ補正　40

【マ行】

マーフィの法則　33
マクネマー検定　88

密度関数　24
ミッドレンジ　17
名義尺度　15
メタアナリシス　108
目的変数　125

【ヤ行】

有意　36

有意水準　36
尤度　50, 126
尤度原理　52
ユールのQ　87

【ラ行】

乱数　18
ランダムウォーク　122

ランダム効果モデル　109
離散分布　34
リスト　13
リッカート尺度　161
両対数グラフ　15
累積分布関数　27
連続分布　34
ログランク検定　176
ロジスティック回帰　137

Memorandum

Memorandum

Memorandum

監修

石田基広（いしだ もとひろ）
  1989年　東京都立大学大学院博士後期課程中退
  現　在　徳島大学総合科学部 教授
  専　攻　テキストマイニング
  著　書　『新米探偵データ分析に挑む』（ソフトバンク・クリエイティブ，2015）他

編集

市川太祐（いちかわ だいすけ）
  現　在　医師
　　　　　東京大学大学院医学系研究科医学博士課程在学中

高橋康介（たかはし こうすけ）
  2007年　京都大学大学院情報学研究科博士後期課程 研究指導認定退学．博士（情報学）
  現　在　中京大学心理学部 准教授・アラヤブレインイメージング技術アドバイザー
  専　攻　認知心理学・認知神経科学・認知科学
  著　書　『ドキュメント・プレゼンテーション生成（シリーズ Useful R 9）』（共立出版，2014）他

高柳慎一（たかやなぎ しんいち）
  2006年　北海道大学大学院理学研究科物理学専攻修士課程修了
  現　在　株式会社リクルートコミュニケーションズ
　　　　　兼 株式会社リクルートライフスタイル
　　　　　総合研究大学院大学複合科学研究科統計科学専攻博士課程在学中
  専　攻　統計科学
  著　書　『金融データ解析の基礎（シリーズ Useful R 8）』（共著，共立出版，2014）他

福島真太朗（ふくしま しんたろう）
  2006年　東京大学大学院新領域創成科学研究科複雑理工学専攻修士課程修了
  現　在　株式会社トヨタIT開発センター
  専　攻　物理学・応用数学
  著　書　『データ分析プロセス（シリーズ Useful R 2）』（共立出版，2015）他

Memorandum

Memorandum

著者紹介

奥村 晴彦（おくむら はるひこ）

- [略歴] 1951年生まれ
  - 1978年　名古屋大学理学研究科博士前期課程修了
  - 1999年　総合研究大学院大学　博士（学術）
- [専門] 物理学・情報科学・情報教育
- [現職] 三重大学名誉教授
- [著書] パソコンによるデータ解析入門（技術評論社, 1986）
  - C言語による最新アルゴリズム事典（技術評論社, 1991）
  - [改訂第7版] LaTeX 2_ε 美文書作成入門（共著, 技術評論社, 2017）
  - 他
- [訳書] LISP-STAT（共訳, 共立出版, 1996）
  - 他

Wonderful R 1
Rで楽しむ統計
Statistics with R for Fun

監　修	石田基広
編　集	市川太祐・高橋康介
	高柳慎一・福島真太朗
著　者	奥村晴彦　© 2016
発行者	南條光章

2016年9月15日　初版1刷発行
2022年9月5日　初版5刷発行

発行所　**共立出版株式会社**
東京都文京区小日向 4-6-19（〒112-0006）
電話　03-3947-2511（代表）
振替口座　00110-2-57035
www.kyoritsu-pub.co.jp

印　刷　啓文堂
製　本　協栄製本

検印廃止
NDC 417
ISBN 978-4-320-11241-4

一般社団法人
自然科学書協会
会員

Printed in Japan

JCOPY　〈出版者著作権管理機構委託出版物〉
本書の無断複製は著作権法上での例外を除き禁じられています．複製される場合は，そのつど事前に，出版者著作権管理機構（TEL：03-5244-5088, FAX：03-5244-5089, e-mail：info@jcopy.or.jp）の許諾を得てください．

Wonderful R

石田基広監修

市川太祐・高橋康介・高柳慎一・福島真太朗・松浦健太郎編集

本シリーズはR/RStudioの諸機能を活用することで，データの取得から前処理，そしてグラフィックス作成の手間が格段に改善されることを具体例にもとづき紹介する。データサイエンスが当然のスキルとして要求される時代に，データの何に注目し，どのような手法で分析し，結果をどのようにアピールするのか，その方向性を示していく。

❶ Rで楽しむ統計
奥村晴彦著　R言語を使って楽しみながら統計学の要点を学習できる一冊。
【目次】Rで遊ぶ／統計の基礎／2項分布，検定，信頼区間／事件の起こる確率／分割表の解析／連続量の扱い方／相関／回帰分析／ピークフィット／主成分分析と因子分析／他

204頁・定価2750円(税込)・ISBN978-4-320-11241-4

❷ StanとRでベイズ統計モデリング
松浦健太郎著　現実のデータ解析を念頭に置いたStanとRによるベイズ統計実践書。
【目次】導入編(統計モデリングとStanの概要／ベイズ推定の復習／他)／Stan入門編(基本的な回帰とモデルのチェック／他)／発展編(回帰分析の悩みどころ／階層モデル／他)

280頁・定価3300円(税込)・ISBN978-4-320-11242-1

❸ 再現可能性のすゝめ
―RStudioによるデータ解析とレポート作成―
高橋康介著　再現可能なデータ解析とレポート作成のプロセスを解説。
【目次】再現可能性のすゝめ／RStudio入門／RStudioによる再現可能なデータ解析／Rマークダウンによる表現の技術／再現可能性を高める／RStudioを使いこなす／他

184頁・定価2750円(税込)・ISBN978-4-320-11243-8

❹ 自然科学研究のためのR入門
―再現可能なレポート執筆実践―
江口哲史著　RStudioやRMarkdownを用いて再現可能な形で書くための実践的な一冊。
【目次】基本的な統計モデリング／発展的な統計モデリング／実験計画法と分散分析／機械学習／実践レポート作成―化学物質の分子記述子と物性の関係解析を例に／他

240頁・定価2970円(税込)・ISBN978-4-320-11244-5

❺ 統計的因果推論の理論と実装
―潜在的結果変数と欠測データ―
高橋将宜著　統計的因果推論の理論と実装を統一的にカバー。欠測データの因果推論も扱う。
【目次】統計的因果推論の基礎の基礎／潜在的結果変数の枠組み／統計的因果推論における重要な仮定／推測統計の基礎：標準誤差と信頼区間／回帰分析の基礎／傾向スコア／他

340頁・定価3850円(税込)・ISBN978-4-320-11245-2

【各巻：B5判・並製・税込価格】　**共立出版**　　(価格は変更される場合がございます)